AF902356

Während des Corona-Lockdowns zieht sich die vielbeschäftigte Chloe aufs Land zurück. In der Nähe ihres Hauses findet sie eines Tages einen verwaisten Junghasen – allein und nicht größer als ihre Handfläche. Sie nimmt ihn zu sich, versorgt ihn und beschließt nach anfänglichem Zögern, den Hasen aufzuziehen und seine Rückkehr in die Wildnis vorzubereiten: Doch »Hase«, wie ihn Chloe nennt, bleibt bei ihr – zu seinen eigenen Bedingungen. Er ist nicht zahm, lässt sich nicht streicheln und liebt seinen Freiraum. Wir werden Zeugen eines unwahrscheinlichen Bandes von Vertrauen, geschildert mit einer einnehmenden Stille, Gefühl und Respekt vor einem wilden Geschöpf der Natur. Mehr als ein Memoir ist diese Geschichte ein lebensphilosophisches Meisterwerk, das über das Miteinander von Mensch und Tier nachdenkt, eingebettet in eine wunderschöne, nahezu poetische Sprache.

Chloe Dalton ist Autorin, politische Beraterin und Expertin für Außenpolitik. Sie war über ein Jahrzehnt lang im britischen Parlament tätig und hat zahlreiche prominente Persönlichkeiten beraten. Sie lebt abwechselnd in London und auf dem Land.

Chloe Dalton

Hase und ich

Die Geschichte einer außergewöhnlichen Begegnung

Mit einem neuen Nachwort

Übersetzt aus dem Englischen
von Claudia Amor

Klett-Cotta

MIX
Papier | Fördert
gute Waldnutzung
FSC® C019821
FSC
www.fsc.org

Klett-Cotta
www.klett-cotta.de
J.G.Cotta'sche Buchhandlung Nachfolger GmbH
Rotebühlstr.77, 70178 Stuttgart
Fragen zur Produktsicherheit: produktsicherheit@klett-cotta.de

Die Originalausgabe erschien unter dem Titel
»Raising Hare. The heart-warming true story of an unlikely friendship«
bei Canongate Books Ltd, 14 High Street, Edinburgh, EH1 1TE.
© 2024 by Chloe Dalton
Für die deutsche Ausgabe
© 2025, 2026 by J.G.Cotta'sche Buchhandlung Nachfolger GmbH,
gegr. 1659, Stuttgart
Alle deutschsprachigen Rechte sowie die Nutzung des Werkes für Text
und Data Mining i.S.v. § 44 b UrhG vorbehalten
Cover: Rothfos & Gabler unter Verwendung einer Abbildung von
© Denise Nestor
Illustrationen: © Denise Nestor
Handlettering: © Christina Max, christinamax.de
Karte: © Jamie Whyte
Lektorat: Sabrina Keim
Gesetzt von C.H.Beck.Media.Solutions, Nördlingen
Gedruckt und gebunden von Druckerei C.H.Beck, Nördlingen
ISBN 978-3-608-98919-9
E-Book ISBN 978-3-608-12398-2

Dritte Auflage, 2026

Die Deutsche Nationalbibliothek verzeichnet diese Publikation in der Deutschen Nationalbibliografie; detaillierte bibliografische Daten sind im Internet über http://dnb.d-nb.de abrufbar.

Für meine Familie, Freundinnen und Freunde

Manch ein Hase läuft schneller und
ist kräftiger als die anderen, so ist's auch
beim Menschen und jedem anderen Tier.

Edward von Norwich, *The Master of Game*

Aus Schatten und Sonne
ist unser Leben gemacht.
Doch bedenke, wie klein der Schatten
und wie groß die Sonne lacht.

Spruch auf einer Sonnenuhr

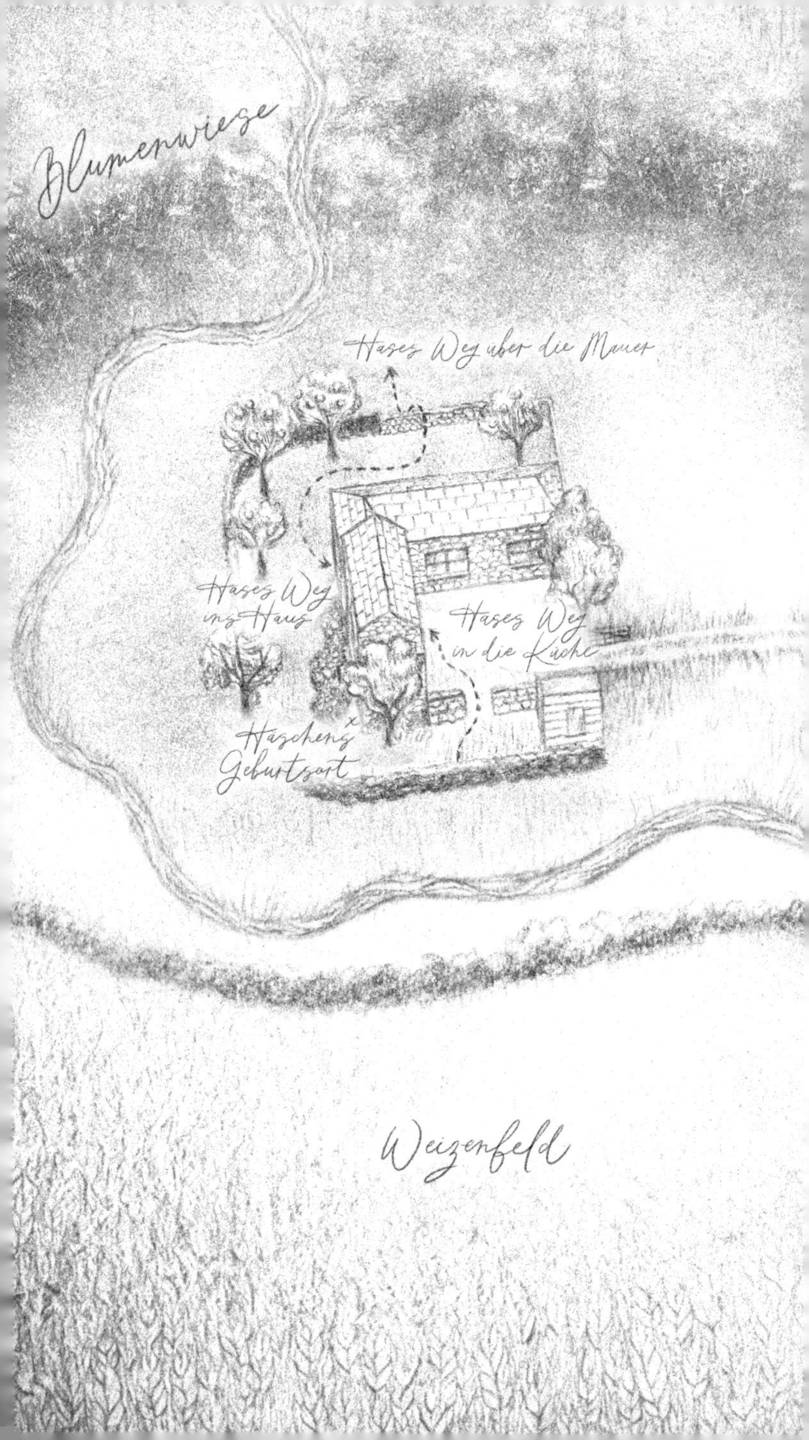
Blumenwiese
Hases Weg über die Mauer
Hases Weg ins Haus
Hases Weg in die Küche
Häschens Geburtsort
Weizenfeld

Wald
Feldweg
Bach
Behausung des Teichmolchs
Teich

Inhalt

Prolog

Der Januar war eisig kalt. Die Temperatur fiel etliche Male unter Null. Im neuen Jahr kam der erste Schnee, danach schneite es fast pausenlos weiter, bis Mitte Februar ein kurzes Tauwetter die Schneeglöckchen freilegte, die bereits ihre Spitzen durch das durchnässte Gras schoben. Wenige Tage später lagen sie unter einer frischen Schneedecke. Die Bäume standen weißgefroren unter einem Mantel aus verwehten Flocken, vereiste Spinnennetze hingen in den Hecken wie erstarrte Fadenspiele. Ein einsamer Falke hockte auf dem Gartenzaun, geisterhaft im dämmrigen Licht. Hagere Füchse durchstreiften das Gelände, schlichen, vom Hunger angetrieben, wagemutig über Stock und Stein. Ein Häufchen blutverklebte Daunen war alles, was von einer üppigen Waldtaube übriggeblieben war, ein Anblick, als hätte jemand einen Sack Federn ausgeleert. Fasane querten konsterniert die Felder, mit vorsichtigem Schritt auf dem eisigen Terrain, die Schwanzfedern schwer unter einer Kruste aus Schnee. Ihre makellosen Fußspuren führten wie Richtungspfeile in die Ferne – *Hier entlang, immer hier entlang* –, bis sie irgendwann verschwanden.

In diesen Wochen der Eiseskälte sprang eine Häsin in den Feldern umher, ihre Bewegungen verlangsamt durch das neue Leben, das in ihr heranwuchs. Während die tief stehende Wintersonne sich schwerfällig über den Horizont schob, drückte sie sich fest an die Erde und nutzte jedes Versteck, das ihr vor dem rauen Wind und dem gierigen Blick der Raubtiere Schutz bot. Nachts scharrte sie mit den Vorderpfoten im Schnee, um zwischen den Stoppeln des Getreidefeldes ein paar Grashalme auszugraben, oder kaute an der trockenen Rinde von Heckensträuchern – armselige Nahrungsquellen, um der Kälte zu trotzen und ihren ungeborenen Nachwuchs durch die zweiundvierzig Tage und Nächte der Tragezeit zu bringen.

Eines Nachts im Februar baute die Häsin am Feldrand, unter einem Schopf aus langem, überhängendem Gras, ein Nest. Im Mondlicht gebar sie geräuschlos ein Hasenjunges, das so dunkel war wie die Nacht selbst und nur auf der Stirn eine sternförmige, weiße Zeichnung trug. Erst leckte die Mutter das Junge sauber, dann ließ sie es trinken, während sie es mit ihrem Körper so lange stützte, bis es gelernt hatte, auf eigenen Beinen zu stehen. Danach stupste sie es besorgt fort von dem Ort seiner Geburt, hinein in ein neues Versteck in einem dichten Büschel aus abgestorbenem Gras – ein kuscheliges Zelt für das Hasenkind.

Kaum hatte sie das Junge zu ihrer Zufriedenheit getarnt, entfernte sich die Hasenmutter auf demselben Weg, auf dem sie gekommen war und verwischte dabei mit den Spitzen ihrer Vorderläufe sämtliche Spuren. Eile war geboten, denn am Horizont brach schon die Morgendämmerung an. Dabei bewegte sich die Häsin mit eleganten, federnden Schritten, als wollte sie vermeiden, auch nur einen Halm zu knicken. Sobald sie fertig war, sprang sie mit einem Stoß ihrer kräftigen Hinterläufe davon und ließ ihren Nachwuchs weit hinter sich. Ohne einen Bau, in dem sie ihr Junges hätte verstecken können, war es am klügsten, es allein zu lassen, Räuber bis zum Einbruch der Nacht abzulenken und erst im Schutz der Dunkelheit wieder zu ihm zurückzukehren.

In den darauffolgenden Stunden hatte der Winter ein Einsehen und lockerte seinen gnadenlosen Griff. Der Schnee schmolz und in dem sumpfigen Gelände begann es zu gurgeln. Erleichtert wagten sich nun auch die Menschen wieder ins Freie. Das winzige

Hasenjunge mit dem sternförmigen Mal auf der Stirn kauerte in seinem gräsernen Nest und drückte sich immer fester an den Boden, während es aufmerksam den herannahenden Stimmen lauschte, die der Wind zu ihm herübertrug. Doch noch etwas näherte sich: die donnernden Pfoten, der keuchende Atem und der moschusartige Geruch eines Hundes, der mit einem furchterregenden, triumphierenden Gebell, das die Luft erzittern ließ, querfeldein auf das Versteck des Hasenjungen zuhetzte.

Erster Teil

1. Ein Winterkind

In Sibirien benennt man Hasen nach dem Zeitpunkt ihrer Geburt: *nastovik* (im März geboren, wenn der Schnee eine Harschkruste hat), *letnik* (im Sommer geboren), *listopadnik* (im Herbst geboren, wenn die Blätter von den Bäumen fallen).

A. A. Cherkassov, *Notes of an East Siberian Hunter*, 1865

Ich stand an der Hintertür meines Hauses und machte mich für einen langen Spaziergang bereit, als ich Hundegebell und kurz darauf die Rufe eines

Mannes vernahm. Ich zwängte eilig die Füße in meine Stiefel und lief über den Kiesweg hinüber zu der hölzernen Gartentür, um zu sehen, woher der Lärm kam. Hunde hatten hier in der Nähe eigentlich nichts verloren. Die alte Scheune, in der ich lebte, stand mutterseelenallein inmitten von weitem Ackerland, das von Bächen und Hecken unterteilt und hier und da mit kleinen Waldstücken durchsetzt war. Aus meiner Kindheit kannte ich noch diese Geschichten von Wilderern, die Schlösser kappten, gewaltsam Gatter aufbrachen oder mit ihren Autos in die Felder und Wälder der Bauern fuhren, um Wild und Kaninchen zu schießen oder ihre Hunde auf Feldhasen zu hetzen. Die weit weniger drastische Alternative war, dass ein Hund seinem Besitzer ausgerissen war – die umliegenden Wege waren beliebte Spazierstrecken –, weil er einem Kaninchen nachgejagt hatte oder einfach nur magisch von der offenen Landschaft angezogen wurde, dabei jedoch nichtsahnend Schafe zerstreute oder nistende Vögel aufschreckte. Ein besonders übermütiger Hund war im vergangenen Jahr einmal über die Mauer in meinen Garten gesprungen, wo er, noch keuchend von der Jagd, innehielt und fröhlich mit dem Schwanz durch die Luft peitschte, ehe er sich mit einem Satz wieder davonmachte. Solche Episoden ereigneten sich jedoch nur sehr selten, daher war ich neugierig, was da draußen los war.

Ich lehnte an der Gartentür und suchte das Feld ab, das sich in sanftem Anstieg bis zum Horizont erstreckte und dahinter, für meine Augen unsichtbar, wieder abfiel. Der Himmel war stahlgrau. Ich ließ den Blick über die langen Heckenreihen schweifen, über die weiten Flächen aus kahlen Getreidestoppeln mit letzten Flecken liegengebliebenen Schnees, bis hin zu den finsteren Umrissen des nächsten Waldstücks. Keine Spur mehr von einem freilaufenden Hund. Der Wind strich mit eisiger Klinge über meine Wangen und riss den weißen Rauch meines Atems mit sich fort. Ich tastete in den Taschen nach meinen Handschuhen, schlug den Mantel fester um mich und begann meinen Spaziergang.

Der Weg, den ich einschlug, war ein kurzer, unbefestigter Pfad, der an einem Getreidefeld entlangführte und in eine schmale, beiderseits mit hohen Hecken aus dichtem Brombeer- und Schneebeergestrüpp flankierte Landstraße mündete. Der Feldweg hingegen bestand aus zwei kompakten, ungepflasterten Spuren, die fest genug waren, um darauf zu fahren, jedoch jede Menge Schlaglöcher und Pfützen aufwiesen. Geistesabwesend erklomm ich den höchsten Punkt und war eben im Begriff, das sanfte Gefälle zur Landstraße hinunterzugehen, als ich von einer winzigen Kreatur, die mir vom grasbewachsenen Mittelstreifen des Pfades entgegenblickte, aus meinen Gedanken gerissen wurde. Ich blieb wie angewurzelt stehen. Ein Hasenjunges. Daran hatte ich keinen Zweifel, obwohl ich noch nie zuvor einen Feldhasen aus der Nähe gesehen hatte.

Das Tier, nicht größer als meine Hand breit, lag

bäuchlings und mit offenen Augen da, die kurzen, seidigen Ohren fest an den Rücken gepresst. Es hatte dunkelbraunes, dichtes Strubbelfell, das entlang der Wirbelsäule leichte Wellen warf. Die helleren Deckhaare und der Hasenbart standen etwas länger vom Körper der kleinen Gestalt ab, sodass Rumpf und Schnauze wie eine Korona aus Licht in der kraftlosen Sonne leuchteten. Doch auf der kahlen Erde und im trockenen Gras – dort, wo das schwache Licht nicht hinfiel – war kaum erkennbar, wo sein Fell endete und der Boden begann. Wäre da nicht das hastige Heben und Senken seines Brustkorbs gewesen, hätte ich das Hasenjunge wohl für einen Stein gehalten, so perfekt fügte es sich in die leblose Winterlandschaft ein. Die mit beinfarbenem Fell umrandeten Vorderpfoten hatte es leicht übereinandergeschlagen, wie um es sich gemütlich zu machen. Rund um die tiefschwarzen Augen trug es einen dichten, unregelmäßigen Ring aus cremefarbenem Fell und hoch auf der Stirn einen auffälligen weißen Fleck, der hervorstach wie ein Spritzer Farbe. Als ich in Sichtweite kam, schreckte das Hasenjunge nicht auf, sondern fixierte den Boden, ohne eine Regung.

Die klaffenden Mäuler von Kaninchenbauten am Fuße von Bäumen oder Böschungen und die vorbeihuschenden Wattebausch-Schwänzchen ihrer Bewohner waren gängige Bilder meiner Kindheit. Feldhasen hingegen waren selten und so scheu, dass man sie immer nur aus der Ferne sah, ständig auf der Flucht. Ein

Hasenjunges aus nächster Nähe zu sehen, vor allem eines, das einfach so da lag, ohne jeden Schutz, kam mir daher überaus seltsam vor. Die wahrscheinlichste Erklärung war, dass der Hund, den ich vorhin gehört hatte, es gejagt oder geschnappt und wieder fallengelassen hatte, sodass es nun verirrt mitten auf dem Weg kauerte.

Ich überlegte, welche Möglichkeiten ich hatte. Entweder ich ließ das Hasenjunge, wo es war und hoffte, dass es einen sicheren Unterschlupf finden und von der Mutter geholt werden würde, bevor ein Raubtier es aufspürte oder es unter die Räder eines vorbeifahrenden Autos geriet, oder ich hob es auf und bettete es ins hohe Gras, mit dem Risiko, dass seine Mutter es entweder nicht mehr finden würde, weil es vielleicht zu weit von seinem ursprünglichen Versteck fortgetragen worden war, oder dass sie es nicht mehr annahm.

Als Kind war es für mich das Allerschönste, wenn im Frühling die Lämmer auf die Welt kamen und ich meine Freizeit auf einem nahegelegenen Bauernhof verbringen durfte. Dort sah ich, wie Mutterschafe ihre Jungen unter den vielen Lämmern, die auf einer Weide standen, allein durch den Geruch erkennen konnten. Jedes andere Lamm, das sich einer Mutter zu nähern wagte, oder versuchte, ihre Milch zu trinken, wurde unsanft fortgeschubst. Ich erinnerte mich noch gut daran, wie der Bauer einmal ein Mutterschaf, deren eigenes Lamm gestorben war, davon überzeugte, das Waisenkind einer anderen Mutter zu säugen, indem er es in das abgezogene Fell ihres toten Lämmchens wickelte. Denn nur wenn das mutterlose Lamm annähernd so roch wie das Lamm, das sie verloren hatte, war die Pflegemutter bereit, das Lämmchen aufzuziehen. Wenn ich also meinen fremden Geruch auf das Hasenjunge übertrug, indem ich es aufhob – selbst um es nur wenige Meter fortzutragen –, brachte ich es vor lauter Fürsorge vielleicht um.

Ich hielt es für ausgeschlossen, dass das wehrlose Tier zu meinen Füßen allein überleben könnte, zumal in einer Umgebung, in der es vor Gefahren nur so wimmelte, wo es Füchse gab und Falken, die ich oft dabei beobachtete, wie sie über der Erde kreisten, plötzlich die Flügel einklappten und sich wie Steine auf ihre Beute hinabstürzten. Solch tödlichen Jägern, egal ob sie am Boden oder über die Luft angriffen, war das Hasenjunge völlig schutzlos ausgeliefert. Dennoch wusste ich, dass ein Eingreifen des Menschen mehr Schaden anrichten konnte als Gutes bewirken, daher beschloss ich, der Natur ihren Lauf zu lassen. Ich beließ den kleinen Hasen dort, wo ich ihn gefunden hatte, in der Hoffnung, dass er, sobald ich fort war, ins hohe Gras huschen und bald wieder mit seiner Mutter vereint sein würde. Ich zählte noch schnell die Zaunpfähle, damit ich die Stelle später wiederfände, und setzte meinen Weg fort.

Als ich auf dem Rückweg vier Stunden darauf wieder vorbeikam, hatte ich den Hasen fast vergessen. Doch da saß er immer noch, mitten auf dem Weg, genau so, wie ich ihn zurückgelassen hatte. Er verfügte über keinerlei Deckung, Bussarde kreisten am Himmel über ihm und klagten wie verlorene Seelen. Ich zögerte, schließlich würde es noch einige Stunden hell sein. Besonders seltsam kam es mir vor, dass die Mutter noch nicht gekommen war, um ihr Junges zu holen. Das hätte sie doch, so dachte ich zumindest, längst tun müssen. Ich erwog auch, dass der Hund das Häschen möglicherweise verletzt haben könnte oder die Mutter getötet worden war. So oder so war klar: Die Gefahr, dass es überfahren, angegriffen oder gefressen würde, stieg mit jeder Minute, die es hier schutzlos auf dem Weg liegen blieb.

Immer noch unsicher, was ich tun sollte, beschloss ich letztendlich aus dem Bauch heraus, das Hasenjunge bis zum Einbruch der Nacht mit nach Hause zu nehmen, um es dann an die Stelle zurückzubringen, wo ich es gefunden hatte. Um es nicht mit den Händen anzufassen, rupfte ich einige Büschel abgestorbenes Gras vom Wegrand. Ich hockte mich zu dem Tier auf den Boden, wobei ich fast damit rechnete, dass es nun jede Sekunde flüchten würde, doch es machte keinen Mucks. Also nahm ich es mit je einer Hand an der Seite hoch und hob es, eingewickelt in das Gras, an meine Brust. So trug ich es die paar Hundert Meter zurück zum Haus und durch die Hintertür ins Innere.

Dort setzte ich das Hasenjunge behutsam auf der Arbeitsfläche ab, damit ich es auf Verletzungen untersuchen konnte. Ich nahm ein unbenutztes gelbes Staubtuch und schlug den Hasen darin ein, um sein Fell auch weiterhin nicht direkt zu berühren. Ich war erleichtert, als ich keine Spur einer Blutung oder einer Wunde entdeckte. Das Tier stemmte sich auf zitternden Vorderpfoten hoch, die nicht einmal halb so lang waren wie mein kleiner Finger und so dünn wie Bleistifte, und saß dann wackelig auf seinem Hinterteil, blinzelte und blähte die Nasenlöcher, wie um die seltsame Umgebung in sich aufzunehmen. Hier im Haus, wo jeder Gegenstand für den menschlichen Gebrauch gemacht war, wirkte der Hase sogar noch winziger als draußen auf dem Spazierweg. Dennoch schien er keine Angst zu haben und machte keine Anstalten, vor mir wegzulaufen. Sein Mund war eine kaum erkennbare schwarze Linie auf der Unterseite des runden, kleinen Kopfes, die an beiden Seiten ein wenig nach unten zeigte, als wäre das Leben für ihn jetzt schon eine milde Enttäuschung. Seine ebenholzschwarzen Augen trugen noch den milchig-lila Schleier vieler Neugeborener. Der Hase hatte kurze, steif abstehende Tasthaare, in spitzem Winkel gebeugte Hinterläufe und Hinterpfoten, die beinahe so lang waren wie der gesamte restliche Körper.

Ich rief einen Naturschützer aus der Gegend an, der früher Wildhüter gewesen war, um ihm alles zu erzählen und seinen Rat einzuholen. Mit meiner Idee, den kleinen Hasen ins Feld zurückzubringen, hatte er schnell aufgeräumt. Denn er meinte, dass die Mutter das Junge, wenn sie es denn wiederfände, sicher verstoßen würde, weil es, trotz all meiner Vorsichtsmaßnahmen, nun nach Mensch roch. Außerdem habe er in all den Jahrzehnten der Arbeit in der freien Natur noch nie gehört, dass jemand ein Hasenbaby erfolgreich aufgezogen hätte. »Sie müssen sich leider mit dem Gedanken abfinden, dass es wahrscheinlich verhungern wird, oder durch den Stress stirbt«, sagte er mitfühlend, aber ohne Umschweife. »Ich kenne Leute, die Dachse oder Füchse großgezogen haben, aber einen Feldhasen kann man nicht domestizieren.«

Ich war beschämt und durcheinander. Ich hatte ja gar nicht vorgehabt, den Hasen zu zähmen, ich wollte ihm nur einen sicheren Unterschlupf bieten, doch wie es aussah, hatte ich die Situation völlig falsch eingeschätzt. Ich hatte ein junges Tier aus seiner natürlichen Umgebung gerissen – vielleicht grundlos – ohne zu überlegen, ob und wie ich mich überhaupt darum kümmern konnte. Die Folge war, dass es nun wahrscheinlich sterben würde. Bei dem Gedanken wurde mir ganz schwer ums Herz.

Ich war mit meinen drei Geschwistern im Ausland aufgewachsen, da die Arbeit meine Eltern nach Übersee geführt hatte. In den Ferien fuhren wir heim nach England, um die Familie zu besuchen, und ich verbrachte die Sommer meiner Kindheit in unserem Haus auf dem Land. Meine Mutter hatte ein erstaunliches Gespür für Tiere, und ich erinnere mich noch gut daran, wie sie zu meiner großen Freude eine ganze

Reihe von Igeln, Baby-Dohlen und einmal sogar einen Grünfink, den wir aus dem Schnabel einer Krähe gerettet hatten, gesund pflegte. Ich liebte diese Ferientage, doch nach meiner Schulzeit und dem Studium richtete sich mein Blick nach London und in die weite Welt.

In den Jahren, die folgten, rückte das Landleben in immer größere Entfernung. Der Puls meines Lebens schlug in der Stadt, wo mich die Welt der Politik und der Auslandsdiplomatie in ihren Bann zog. In meinem Job als Politikberaterin entwickelte ich Ideen und Strategien für öffentliche Personen, unterstützte sie dabei, ihre Gedanken in Worte zu fassen und stand in Krisensituationen neben ihnen in der Einsatzzentrale, gemeinsam mit einem eng vertrauten Stab aus ebenso hochmotivierten Menschen. Antoine de Saint-Exupéry, der Autor des *Kleinen Prinzen*, schrieb einmal: »Kameradschaft entsteht nur, wenn man an einem gemeinsamen Seil demselben Gipfel entgegenklettert«, womit er sehr treffend die Zielstrebigkeit beschrieb, die mich und meine Kollegen antrieb. Wenn es irgendwann zu einem Staatsstreich oder einer Revolution käme und alle anderen bereits geflohen wären, so scherzten wir manchmal, wären wir wohl die Letzten, die im Bunker unseres Vorgesetzten im Kugelhagel untergingen.

Wenn es in meinem Leben eine Sucht gab, dann die nach diesem Adrenalinschub, wenn es eine schwierige Situation oder eine Krise zu bewältigen gab. Und ich war süchtig nach Reisen, zu denen ich oft innerhalb weniger Stunden aufbrechen musste. Verbindliche Verabredungen, die mir die Flexibilität nahmen, einfach meine Tasche zu schnappen und loszufahren, versuchte ich zu umgehen. Was ich dadurch an Urlauben und Familienfeiern verpasste, machte ich nach meinem Empfinden mit unwiederbringlichen Abenteuern und dem Besuch von Teilen der Welt wieder wett, die ich ansonsten niemals gesehen hätte: Bamako, Bagdad, Kabul, Algier, Damaskus, Ulaanbaatar, Tallinn, Sarajevo oder Siem Reap. Am Wochenende und an Feiertagen zu arbeiten war für mich irgendwann ganz normal. Unter diesen Bedingungen ein Haustier zu halten, wäre grausam gewesen, und ich war auch gar nicht darauf eingestellt. Ich beschäftigte mich mit internationalen Krisen, die Menschen betrafen, und auf Tiere nur selten Rücksicht nahmen. Meine Zeit verbrachte ich in Büros, Konferenzräumen und an Flughäfen, außerdem würde ich mich nicht als besonders praktisch veranlagte Person bezeichnen. Das letzte Tier, um das ich mich gekümmert hatte, war eine weiße Maus namens Napoleon gewesen, die ich mit acht Jahren bekam und die ein böses Ende nahm, als unsere Hauskatze eines Tages, während ich in der Schule war, den Käfig umstieß und die Tür aufbekam. Was danach passierte, kann man sich denken.

Als mich die Fliehkraft der Pandemie aus meinem bisherigen Lebensmittelpunkt zurück aufs Land schleuderte und dort festnagelte, war ich innerlich zerrissen: Einerseits war ich mir über meine glückliche Lage im Klaren, andererseits empfand ich immense Rastlosigkeit und tiefe Zukunftsangst. Das veränderte Tempo machte mir sehr zu schaffen. Eine befreundete Kollegin hatte mich aufs Land begleitet, als das Büro dichtmachte. Rigoros behielten wir beide unseren Arbeitsrhythmus bei und planten unentwegt unsere Rückkehr in die City. Ein Babyhase hätte in keinem der Szenarios, die wir gemeinsam diskutierten oder die ich für mich anpeilte, einen Platz gefunden. Noch wenige Tage zuvor war ich allein spazieren gegangen und hatte mich unterwegs auf einen Stein an einem Bach gesetzt, der nicht größer als ein Rinnsal war. Die Stiefel steckten im klebrigen Schlamm, und die leblosen Bäume über mir hätten kaum trostloser sein können als die Gedanken in meinem Kopf, die sich allesamt darum drehten, wie es möglich war, dass sich mein Leben zu einem ebenso traurigen Dahintröpfeln verlangsamt hatte wie dieser Bach. Und nun stand ich unversehens über ein wildes Lebewesen gebeugt, das ich irgendwie füttern und am Leben erhalten musste.

Das Hasenjunge wartete geduldig, nichtsahnend, was mir durch den Kopf ging. Meine Freundin, die die ganze Szene mitverfolgte, fasste meine Zweifel in Worte: »Versteh mich nicht falsch, aber ich glaube nicht, dass das eine gute Idee ist«, begann sie. »Was willst du damit machen, wenn du zurück nach London gehst? Wäre es nicht besser, ihn jemand anderem zu geben? Jemandem, der sich mit Tieren auskennt?«

Daran hatte ich auch schon gedacht, doch noch während sie sprach, regte sich meine Dickköpfigkeit. *Ich kriege das schon hin.*

Ich rief meine Schwester an, die einen kleinen Bauernhof besaß, und erzählte ihr die ganze Geschichte. Wie in aller Welt sollte ich ein wildes, vielleicht einen Tag altes Hasenbaby füttern? Sie räumte ein, über Feldhasen rein gar nichts zu wissen, ging aber davon aus, dass das Hasenjunge vermutlich laktosefreien Milchersatz brauchen würde, wie man ihn auch zur Flaschenaufzucht kleiner Kätzchen verwendete. Sie bot an, mir gleich am nächsten Morgen welchen zu besorgen. In der Zwischenzeit wollte sie mir etwas von dem Präparat vorbeibringen, das sie für die Flaschenfütterung von Lämmern verwendete. Sie setzte sich sogleich ins Auto und brachte mir einen riesigen, ziemlich schlammigen und zerbeulten Eimer mit Deckel, in dem sich Trockenmilch befand, und einen Kanister Desinfektionsmittel.

Mit gespielter Selbstsicherheit hob ich den Deckel von dem Eimer und prüfte das darin aufgehäufte gelbe Pulver, das nach meinem Ermessen für eine ganze Schafherde reichen musste. Als ersten Schritt musste ich die richtige Dosierung von Milch und Wasser ausrechnen, die ich für ein Wesen, das nur den Bruchteil des allerkleinsten Lammes wog, benötigen würde. Dazu musste ich das Hasenjunge erst wiegen. Es zeigte keine Spur von Angst, als ich es aufhob und in der Schale meiner Küchenwaage absetzte. Eingewickelt in sein Tuch wog der Hase einhundert Gramm – weniger als ein Apfel.

Ich verrührte das Pulver mit Wasser und füllte das Gemisch in eine kleine Kosmetikflasche mit Pipette und Verschluss, die ich zuvor auseinandergenommen und mehrmals gewaschen, desinfiziert und sorgfältig auf Rückstände untersucht hatte, wissend, wie ungeeignet sie eigentlich war. Danach stellte ich sie einige Minuten lang in eine Tasse mit kochendem Wasser, drückte ein paar Tropfen des Inhalts auf die Innenseite meines Handgelenks, um die Temperatur zu prüfen, hob anschließend das Hasenjunge hoch und hielt es vorsichtig an meine Brust. Es war warm und weich und beinahe gewichtslos, so klein, dass es problemlos in die Mulde meiner Hand passte. Durch den Stoff konnte ich die Form seiner Pfoten spüren.

Ich drehte den kleinen Hasen ein wenig zu mir nach oben, damit ich die winzige Öffnung seines Mundes leichter finden konnte, dann schob ich die Pipette hinein und drückte ein paar Tropfen Milch heraus. Der Hase schluckte und blinzelte. Der Großteil der Flüssigkeit sammelte sich jedoch erst unter seinem Kinn und lief dann weiter in sein Fell und in das Staubtuch. Hatte er einen ordentlichen Schluck getrunken? Ich war nicht sicher. Ich wiederholte den Vorgang, bis der Hase die Augen zumachte und in meiner Hand eindöste.

Ich trug ihn durch den Flur in das Zimmer, das ich

als Büro benutzte und setzte ihn dort auf dem Teppich ab, damit ich mich an den Schreibtisch setzen und nach Informationen über die Aufzucht von Feldhasen suchen konnte. Wie sich herausstellte, gab es online unendlich viele gute Tipps zum Thema Kaninchen, aber so gut wie gar nichts über Feldhasen, von allgemeinen Tierprofilen einmal abgesehen. Sich selbst überlassen tapste der kleine Hase inzwischen auf dem Boden umher. Jedes Mal, wenn er versuchte, sich aus einer waagerechten Position aufzurichten, rutschten seine Hinterbeine seitlich weg und er landete auf dem Bauch. Er taumelte in seiner Ecke des Zimmers umher, kippte oft dramatisch zur Seite und fiel gelegentlich auf die Nase.

In meiner Angst, er könnte bereits krank sein (man hatte mich schließlich gewarnt), rief ich meine Schwester an und schlug vor, sie solle sich doch bitte um den kleinen Hasen kümmern. Ich hatte einfach kein Vertrauen in meine Fähigkeiten und mir graute vor der Vorstellung, für seinen Tod verantwortlich zu sein. Im Gegensatz zu mir hatte meine Schwester den Großteil ihres Lebens auf dem Land verbracht. Die Ausbildung als Intensivkrankenschwester und ihr von Haus aus robuster Charakter hatten sie so widerstandsfähig gemacht, dass weder Mensch noch Tier sie aus der Bahn werfen konnten. So rettete sie einem verunfallten Biker mit der gleichen Souveränität das Leben wie sie einem Mutterschaf half, ihr Lamm auf die Welt zu bringen. Für unsere gesamte Familie ist sie bis heute die erste Anlaufstelle bei medizinischen Notfällen. Ich hingegen bin zimperlich, wenn ich Blut sehe und kann weder mit Krankheiten oder anderen Widrigkeiten des Lebens gut umgehen. Ich bevorzuge es – oder hoffe zumindest darauf –, sämtliche leidvollen Erfahrungen auf Abstand zu halten.

»Ich bin nicht die Richtige dafür«, erklärte ich ihr. »Ich weiß nicht, was ich tue. Ich werde es noch aus Versehen umbringen!« Ihre Antwort bestand daraus, all die Tiere aufzuzählen, die bereits unter ihrem Dach lebten – zwei Katzen, zwei Hütehunde, ein Welpe, mehrere frisch geschlüpfte Perlhühner, einige elternlose Lämmer und zwei Pfauenküken – und die Kakophonie an Tiergeräuschen zu beschreiben, die diese erzeugten. Ihr Haus sei demnach eine gänzlich ungeeignete Umgebung für einen Babyhasen. Ich verstummte. »Du machst das schon«, munterte sie mich noch auf, ehe sie auflegte.

Als der Abend langsam dämmerte, durchforstete ich sämtliche Schränke auf der Suche nach einer geeigneten Schuhschachtel, die dem Hasen als Übergangswohnung dienen konnte, anschließend ging ich noch einmal nach draußen, um mehr Gras vom Wegrand zu sammeln, weil ich annahm, dass es ihm als Einstreu am vertrautesten sein musste. Das Gras, das ich bis zu diesem Zeitpunkt kaum wahrgenommen hatte, stand hüfthoch. Die langen Halme, die im Sommer getrocknet waren, bogen sich unter dem Gewicht der gefiederten Samenstände und neigten sich in die dominante Windrichtung wie eine im Herabstürzen erstarrte Welle. Ich schnitt einen Armvoll ab, trocknete das Gras zu Hause am Feuer und legte schließlich den Boden und die Seitenwände der Schuhschachtel damit aus, bevor ich den Hasen in sein improvisiertes Nest setzte. Oben ließ ich die Schachtel offen und legte als Deckelersatz nur ein Büschel langer Grashalme darauf, dann stellte ich sie auf die beheizten Bodenfliesen im hinteren Teil des Hauses. Ich beugte mich hinunter und sah dem Hasen noch ein Weilchen zu, um sicherzugehen, dass er nicht hungrig oder durstig war, fror oder Angst hatte. Doch er saß ruhig da, die Pfoten nach vorne ausgestreckt und die Ohren eng zu beiden Seiten der Wirbelsäule angelegt. Seine dunklen Augen verrieten keine Regung. Ich wünschte mir inständig, dass er überleben würde, knipste das Licht aus und ging zu Bett.

Während ich die Treppe hinaufging, musste ich an den Hahn denken, der einmal bei uns zu Hause lebte, als ich noch ein Kind war: Er hieß Charlie, war wild, dickköpfig und ein geselliger Kerl. Als er krank wurde, brachten meine Eltern mich und meine Geschwister fort, damit wir sein Ende nicht mit ansehen mussten. Doch als niemand hinsah, schlich ich auf Zehenspitzen durch den Flur zu ihm zurück, weil ich dachte, ihm helfen zu können. Ich erschrak jedoch, als er mit trüb werdenden Augen entkräftet auf den dünnen, schuppigen Beinchen wankte, mit dem Schnabel verzweifelt nach Luft schnappte und seinen letzten Atemzug tat. Der stolze, zänkische Vogel, den ich so geliebt hatte, war tot und ich erahnte zum ersten Mal die Existenz eines Mysteriums, das mein kindlicher Geist noch nicht in der Lage war, zu fassen. Nun befürchtete ich, am nächsten Morgen den schlaffen, leblosen Körper des kleinen Hasen vorzufinden und haderte erneut mit meiner Entscheidung, ihn mitgenommen zu haben. Ich fragte mich, ob seine Mutter wohl draußen im Feld nach ihm suchte, die Brust schwer vor Muttermilch, und schlief mit sorgenvollem Herzen ein.

2.
Erste Bande

> Alle sind sie wild; der Hase in den Feuchtwiesen, der Hase auf dem Kleehügel und der Hase droben in den kalten Bergen, wild wie der Ruf des Kiebitzes und der wehmütige, einsame Flug des Reihers.
>
> Ian Niall, *The Poacher's Handbook*, 1950

Im frühen Morgenlicht eilte ich mit einem mulmigen Gefühl im Bauch die Treppe hinunter und stellte fest, dass sich der kleine Hase im Gras ein Nest gebaut hatte, kaum größer als er selbst. Als ich mich neben ihn setzte, reckte er seine winzigen Ohren in die Höhe, als wäre er nun bereit für die Welt.

Meine Schwester hatte mir wie versprochen schon einen Behälter Milchpulver für Kätzchen besorgt, zusammen mit einer 50-ml-Flasche, die sich laut Packungsbeschreibung für »Kätzchen, Hundewelpen, Kaninchen und Igel« eignete. Wie ich feststellen musste, stand da kein Wort von Hasen.

Ich wusch mir die Hände, sterilisierte die Flasche und bereitete alles vor, um den Hasen ein zweites Mal zu füttern. Ich hatte bereits das schwarze T-Shirt übergezogen, das ich am Tag zuvor getragen hatte, in der Hoffnung, dass es vertraut roch, und hielt den Hasen locker in dasselbe Staubtuch gewickelt. Mein Herz schlug höher, als er etwa einen Teelöffel voll Milch zu sich nahm. Entgegen meinen Erwartungen war er am Leben, und er trank seine Milch. Später saß ich still da, wie gebannt von der kleinen, warmen Kreatur auf meinem Schoß. Es war ein ruhiger, geräuschloser Morgen, und ein kleiner Hase schmiegte sich an meinen Bauch.

Mein Haus ist eine niedrige, aus Stein gemauerte Scheune, die in einer Senke zwischen drei aneinandergrenzenden Feldern steht. Das Land ringsum, das von verschiedenen Familien bewirtschaftet wird, ist dicht bestellt mit Weizen und anderem Getreide, mit Ausnahme eines Waldes unmittelbar hinter dem Haus. Von diesem Wald und einigen alleinstehenden Eichen abgesehen, die in weit entfernten Hecken stehen, gibt es hier nur wenige Bäume, unter denen man Schutz suchen könnte. Das Land ist offen, aber keineswegs flach. Es hebt und senkt sich, mit sanften Hügeln, Buckeln, steilen Böschungen, gut getarnten Gräben und sumpfigen Wiesenstücken. Der Himmel hängt tief und der Wind bläst kräftig. Überall fließt unterirdisch Wasser und tritt in prustenden, gurgelnden Bächen zutage, die sich durch ein Band aus niedrigen Holunder-, Weiden- und Birkenzweigen schlängeln, eilig im Winter und gemächlich im Sommer.

Aus der Vogelperspektive ist die alte Scheune kaum zu erkennen, wie sie dort inmitten dieser Patchworkdecke aus dunklen Wäldern, stillen Feldern und Wegen liegt, mit ihren Mauern aus grobgehauenen, grauen Steinen, die aus einem Steinbruch in der Nähe stammen oder auf den umliegenden Feldern gesammelt wurden. Auf Landkarten aus dem 18. Jahrhundert ist sie bereits verzeichnet, sie könnte aber auch noch älter sein. Nichts an ihrer Bauweise oder ihrer ursprünglichen Nutzung ist von nennenswerter Bedeutung: Sie wurde für die Separierung und Inspektion von Schafherden gebraucht, für die Lagerung des handgeschnittenen Heus für die Winterfütterung und als Unterschlupf für kranke Lämmer. Zu diesen Zwecken wurde ein dreiseitiges, niedriges Gebäude errichtet, das ungefähr die Form eines Hufeisens hatte und von einer Mauer umschlossen war, wodurch ein verschließbarer Schafpferch entstand, in den man die Tiere treiben konnte.

Als ich das heruntergekommene Haus kaufte, begriff ich es als eine Art Zukunftsprojekt, auf das ich bei Bedarf zurückgreifen konnte, denn so interessant und spannend mein Job auch war, so unbeständig und anfällig zeigte er sich im Falle von politischen Richtungswechseln. Als ich das Haus übernahm, war es eine Ruine: Es stand voller Brennnesseln, überall lagen herabgestürzte Balken und mittendurch pfiff der Wind, der ohne Unterlass durch dieses einst von einem Eiszeitgletscher ausgeschabte Tal peitscht. Um die Scheune bewohnbar zu machen, mussten die eingestürzten Wände neu aufgebaut, isoliert und verfugt werden, neue Dachbalken und Verstrebungen angebracht und das gesamte Dach neu gedeckt werden. Nach mehreren Jahren ist auf diese Weise ein einstöckiges Haus entstanden, das nur auf einer Seite – in der Mansarde unter dem Dach, wo früher das Heu aufbewahrt wurde – ein kleines Schlafzimmer beherbergt, von dem man talaufwärts dem Wind entgegenblickt. Nach Abschluss der Bauarbeiten kam ich meist nur für wenige Tage am Stück hierher, schließlich musste ich stets in der Nähe meiner Arbeit in der Stadt bleiben.

Direkt vor dem Haus, wo sich früher der Schafpferch befand, liegt ein kleiner, von der alten Steinmauer abgegrenzter, innerer Garten. Dahinter verläuft rundum ein wieder nutzbar gemachter Wiesenstreifen, der heute den Hauptgarten darstellt und von der Umgebung durch eine Mischung aus Trockenmauer,

Lattenzaun und Kaninchengitter abgetrennt ist. Entlang führt eine Hecke, die als Windfang dient.

Nachdem der kleine Hase die Nacht überlebt hatte, musste ich ihm nun ein Zuhause schaffen, das dauerhafter war als der Platz am Hinterausgang. Ich brachte ihn in ein leerstehendes Schlafzimmer ganz hinten in der Scheune, wo er weitgehend ungestört war. Der Raum hatte einen Ausgang, der in den inneren Garten führte, so konnte ich ihn bedenkenlos ins Freie lassen. Ich schnitt ein Loch in eine Seite der Schuhschachtel, damit der Hase ein- und ausgehen konnte, wie es ihm beliebte.

In der Zwischenzeit hatte ich eine Website gefunden, die sich mit dem Schutz von Feldhasen befasste und Ratschläge zur Aufzucht der Tiere gab. Dort las ich zum Beispiel, dass ein Feldhasenjunges in der freien Natur nur einmal am Tag von der Mutter gesäugt wird. Ich hingegen solle ihm dreimal am Tag zu trinken geben, um die Chancen zu erhöhen, dass es genug Milch zu sich nahm, auch wenn das möglicherweise nicht von Anfang an klappte. Feldhasen werden mit je zwei gebogenen Nagezähnen im Ober- und Unterkiefer geboren, die ganz vorne im Maul liegen. Die Zähne stoßen in der Mitte zusammen und bilden eine unüberwindbare Barriere, wenn der Hase das Gebiss geschlossen hält. Hat das Hasenjunge Angst, presst es den Kiefer fest zu und verweigert das Trinken, selbst wenn das für ihn bedeuten würde, zu verhungern. Daher solle man die Flasche beim Füttern am unteren Mundwinkel positionieren und alles daransetzen, das Junge nicht zu erschrecken, zumal die häufigste Todesursache bei Feldhasen in Gefangenschaft Stress durch Lärm oder zu häufige Störungen sei. Doch auch das andere Extrem, nämlich dass der Hase an der Milch erstickt oder zu viel davon schluckt und eine Aspirationspneumonie entwickelt, sei eine Gefahr, die es zu beachten gelte. Nach etwa acht Wochen, wenn der Hase entwöhnt sei und feste Nahrung zu sich nehmen könne, solle er wieder in die freie Natur entlassen werden. Bis dahin sei es für ihn lebensnotwendig, in einer möglichst ruhigen Umgebung zu leben, außerdem solle ihn außer mir niemand sonst berühren.

Ich horchte hinaus in die Natur. Es war so still, dass man hören konnte, wie der Wind verspielt über die Ebene sauste und mit einem Brausen in den Wald hineinfuhr; so still, dass man die Rufe einzelner Vögel erkennen konnte, sobald der Wind abflaute. Es war eine Klanglandschaft aus Himmel, Wald und Erde, nicht jenes künstliche Lärmen und Poltern einer menschlichen Behausung. Und so beschloss ich, von nun an viel achtsamer zu sein, wenn ich mit Töpfen klapperte, Wasserhähne aufrauschen ließ oder die Stimme erhob, und darauf Rücksicht zu nehmen, wie laut diese Geräusche wohl für den kleinen Hasen klingen mussten.

Meist war das Hasenjunge mucksmäuschenstill. Doch als es ein paar Tage alt war, begann es, einen zarten, kaum hörbaren Laut von sich zu geben, wenn es in meiner Nähe war oder das Zimmer erforschte: *tschip-tschip*. Es klang, als klapperte es ganz leise mit den Zähnen oder schlüge die Kiefer aufeinander, und ich konnte nur hoffen, dass es damit Entspannung signalisierte. Wenn es Zeit für die Fütterung war, hob ich den warmen, kleinen Körper mit der hohlen Hand aus seinem Nest und manövrierte den Sauger in seinen Mund. Um das Tier nicht zu erschrecken, wiederholte ich jedes Mal, wenn ich ins Zimmer kam und mich ihm näherte, dieselben beruhigenden, singenden Worte. Während der kleine Hase trank, sammelten sich die Milchtropfen unter seinem Kinn und liefen ihm den Hals hinunter, sodass meine Kleider bald ganz verkrustet waren. Eingewickelt in das Staubtuch schloss er beim Trinken die Augen, bewegte ganz langsam den Kiefer und erweckte manchmal den Eindruck, als wäre er mitten im Essen eingeschlafen. Wenn er fertig getrunken hatte, blieb er noch lange auf meiner Hand liegen und schmiegte sich an meine Brust.

Am Ende der ersten Woche begann er, immer kräftiger zu trinken. Seine winzigen elfenbeinfarbenen Pfoten hielten die Flasche umklammert oder kneteten mit pulsierender, milchseliger Verzückung die Luft, während die kurzen, hinter dem Kopf angelegten Löffel zitterten, das samtige Polster seiner Hasennase in einem fort zuckte und seine aufgefächerten Tasthaare mich an den Händen und im Gesicht kitzelten, wenn ich mich über ihn beugte.

Dabei bot sich mir die seltene Gelegenheit, das Hasenjunge aus nächster Nähe zu betrachten. Auf den ersten Blick wirkte sein Fell dunkelbraun – ein Ton, der an nasse Erde erinnerte –, doch bei genauerem Hinsehen schien jede Strähne eine andere Zusammensetzung von dunklen und hellen Schattierungen aufzuweisen. Das erstaunte mich, bis ich las, dass die sogenannte »Agouti-Färbung« – eine verschiedenfarbige Maserung der einzelnen Haare – bei Feldhasen und vielen anderen Wildtieren einen lebensnotwendigen Tarnungsvorteil darstellt, der über die Jahrtausende durch natürliche Auslese zustande kam. Denn Tiere, die über eine weniger effektive Tarnung verfügten, wurden aller Wahrscheinlichkeit nach zuerst gefressen.

Jede klare Kontur, die das Hasenfell aufwies, wurde entweder von kontrastierenden Farben unterbrochen oder verdeckt. Das helle Haar um seine Augen umrahmte ein Ring aus kohlrabenschwarzem Fell. Der Hals war in einem sehr zarten Grau gehalten, das an erkaltete Asche erinnerte, und das Fell wuchs dort kürzer und weicher als an irgendeiner anderen Stelle seines Körpers. Die Schnauze zeigte eine elfenbeinfarbene Umrandung und sein Mund – ein kleines, stets erstaunt wirkendes »O« – hatte eine dünne, rußschwarze Kontur. Auch die Nasenlöcher waren in sehr dunklem Grau gehalten. Auf dem Rücken hingegen war sein Fell gescheckt und büschelig. Beide Ohren setzten schmal am Kopf an und verbreiterten sich in der Mitte zu einem stattlichen Oval, liefen nach oben hin wieder schräg zusammen und waren an der Spitze so tiefschwarz, dass es so aussah, als hätte sie jemand in Tinte getunkt. Die Pfotenspitzen hingegen waren so hell, als wäre der kleine Hase durch weiße Farbe gelaufen.

Ganz anders als zum Beispiel bei Hunden, waren die Unterseiten der Hasenpfoten behaart, fühlten sich weich und warm an, und waren stets makellos. Eine altgriechische Bezeichnung für Hase lässt sich wörtlich mit »Zottelfuß« übersetzen, was den dicken Pelz unter ihren Pfoten perfekt beschreibt. Von hinten im Laufen betrachtet, sah es aus, als trüge der kleine Hase ein Paar heller, feinmaschiger Kaschmirsocken. Wenn er entspannt war, formten seine Zehen eine elegante Spitze, doch er konnte sie auch wie einen Fächer auseinanderspreizen, damit er das feine Fell dazwischen mit den Zähnen oder mit der Zunge erreichen konnte. Er besaß an jeder Pfote vier Finger, die jenen einer menschlichen Hand nicht unähnlich waren und gemessen an den Körperproportionen des kleinen Hasen auch fast ebenso lang, jedenfalls länger als die einer Katzentatze. Je größer der Hase wurde, desto klarer definierten sich auch Knochen, Gelenke und Struktur jeder Zehe.

Wenn ich den Hasen nach dem Füttern absetzte, lief er quer durchs Zimmer oder kletterte mit prall gefülltem Bauch über meine Beine. Was mir außerdem auffiel, war, dass die Blume des Hasen nicht dem runden flauschigen Wattebausch eines Kaninchenschwänzchens gleicht, sondern ein länglicher, nach rechts und nach links schwenkbarer Stummel ist, den der Hase entweder im Sitzen unter seinem Hinterteil verschwinden lassen oder im Liegen nach hinten ausstrecken kann. Die Oberseite ist mit struppigem, grauem Haar überzogen, die Unterseite ist strahlend weiß. Während ich ihn auf mir herumturnen ließ, achtete ich darauf, ihn nicht festzuhalten oder zu streicheln, wie man es etwa mit einem Hauskaninchen tun würde. Auch wenn ich es nicht sicher weiß, weil ich es nie ausprobiert habe, hatte ich dennoch den Eindruck, dass es der Hase nicht gemocht hätte, länger von mir festgehalten zu werden, als es für den kurzen Körperkontakt bei der Flaschenfütterung oder für das Hinaustragen in den Garten erforderlich war. So bezaubernd der Hase auch sein mochte, ich konnte nicht außer Acht lassen, dass er ein wildes Geschöpf war, hineingeboren in eine erbarmungslose Welt aus Schnee, Eis und peitschendem Wind. Er zählte nicht zu den Tieren, die durch jahrhundertelange Auslese von Menschenhand geformt wurden. Er war nicht auf ein spezielles Temperament oder andere als wünschenswert erachtete Eigenschaften hin gezüchtet worden, wie das etwa bei Kaninchen, Hunden, Pferden oder sogar Hühnern der Fall war. Mir missfiel der Gedanke, ihn gegen seine Natur zu halten und mit ihm zu spielen, auch weil er schlicht noch zu klein war, um viel Gegenwehr aufzubringen. Ich versuchte lediglich, sanft und unaufdringlich zu sein, ihn zu nichts zu zwingen und ihm keine Angst zu machen.

Eine andere Sorge war, dass er, wenn er sich zu sehr an die Menschen gewöhnte, draußen in der freien Natur nicht mehr wüsste, dass er uns mit unseren Hunden und Gewehren fürchten muss. Ich hatte Angst, dass sein angeborener Instinkt durch die Trennung von seinem natürlichen Lebensraum getrübt sein und jedes Streicheln ihn weiter davon entfernen könnte. Eine Sache tat ich aber trotzdem: Ich lieh mir eine dieser kleinen, altmodischen Haarbürsten mit weichen Naturborsten aus und benutzte sie alle paar Tage nach dem Füttern, um den winzigen Haarschopf unter seinem Kinn, den er mit der Zunge offenbar nicht erreichen konnte, sanft auszubürsten. Die Stelle war nach und nach mit eingetrockneter Milch verklebt, und ich machte mir Sorgen, dass seine Gesundheit dadurch Schaden nehmen könnte.

Nachdem es eine Zeitlang herumgelaufen war, setzte ich das Hasenjunge wieder in sein Nest zurück, wo es stundenlang ohne jegliche Regung saß. Mehr als die Nasenspitze, die aus dem trockenen Gras ragte, war von ihm nicht zu erkennen. Was mich erstaunte, war, dass es genügte, das Tier in den Karton zu setzen, damit es eine gefühlte Ewigkeit dortblieb. Obwohl die Seite offen war, verließ es nie sein Nest. Jedes Mal, wenn ich nach ihm sah, fand ich es reglos geduckt im Heu. Erst später verstand ich, dass dies dem Verhalten von Junghasen in freier Wildbahn entsprach, die ihr

Nest in den ersten Lebenswochen niemals verlassen, solange es hell ist.

Vielleicht als Ausgleich zu den vielen Stunden, die es so ausgeharrt hatte, ohne sich zu bewegen, und um seine Muskeln und Gelenke zu lockern, widmete sich das Hasenjunge nach dem Ruhen ausgiebigem Stretching. Aus einer Sitzposition heraus setzte es die Vorderpfoten schrittweise nach vorne und machte sich lang, bis der Bauch waagerecht zum Boden stand und die Hinterbeine voll ausgestreckt waren, sodass nur noch die äußersten Spitzen der Hinterpfoten den Boden berührten. Es streckte den Schwanz gerade nach hinten aus oder neigte ihn Richtung Boden. Immer vier oder fünf Sekunden lang war der Körper des Hasen gespannt wie ein Bogen – die Löffel stets aufmerksam aufgestellt –, während er von Kopf bis Fuß jeden einzelnen Muskel dehnte. Und immer, wenn ich dachte, dass er jeden Augenblick das Gleichgewicht verlieren müsse, zog er die Hinterbeine nacheinander wieder heran und lief ganz normal weiter.

Auf wackeligen Hinterbeinen balancierend putzte der kleine Hase sich den Kopf, die Ohren, das Brustfell, die Flanken, den Schwanz und das Hinterteil, außerdem machte er zwischen allen sechzehn Zehen einzeln sauber, auch wenn er dabei mächtig ins Schwanken geriet und manchmal umkippte; doch er gab niemals auf. Das Ergebnis war, dass er auffallend sauber war und kein wahrnehmbarer Geruch von ihm ausging, zumindest nicht für menschliche Sinne.

Doch so reinlich er auch war, störte mich dennoch die Vorstellung, dass er Urin und Hasenkot im Haus hinterlassen könnte, daher trug ich ihn immer nach dem Füttern hinaus und setzte ihn auf dem Gras ab, während ich nach Raubvögeln Ausschau hielt. Manchmal saß ich zum Füttern im Schneidersitz auf dem Fußboden meines Büros und trank meinen Vormittagskaffee. Der Hase war im Anschluss immer so müde, dass er sich an meine Fußsohle kuschelte und im Sitzen eindöste. Alles schien gut zu laufen. Ich konnte ja nicht ahnen, dass ich kurz davor war, meinen ersten gravierenden Fehler zu begehen.

Die Hasen-Website, die ich anfangs gefunden hatte und die mich mit so vielen wertvollen Informationen zur Flaschenfütterung des Hasenjungen versorgt hatte, empfahl, ihn aus praktischen Gründen vor dem Entlassen in die freie Natur in einem Käfig zu halten. Die Vorstellung gefiel mir gar nicht, doch ich dachte, ich sollte dem Rat folgen, schließlich hatte sie mir bisher gute Dienste geleistet. Ich bestellte einen Bausatz für einen schlichtes Laufgehege, den ich dann akribisch zusammensetzte.

Es war ein länglicher, breiter Käfig, der oben offen war und an den Seiten anstelle von Gittern durchsichtige Plastikwände hatte. Ich bedeckte den Boden mit einem alten, in zwei Hälften gerissenen Bettlaken und einigen alten Geschirrtüchern und setzte den mit Heu ausgepolsterten, seitlich offenen Schuhkarton mitten hinein, dazu einen Wassernapf, einen Salzblock für die ausreichende Versorgung mit Mineralien und mehrere robuste Zweige, an denen der Hase nagen konnte, alles genau wie empfohlen. Die Zweige sind notwendig, weil die Zähne eines Hasen ein Leben lang weiterwachsen. Ein Hase in Gefangenschaft, der keine Möglichkeit hat, an Baumrinde oder anderen ausreichend harten Oberflächen zu knabbern, um seine Zähne auf einer akzeptablen Länge zu halten, kann irgendwann nicht mehr fressen und läuft Gefahr, zu verhungern. Schließlich setzte ich den kleinen Hasen in die Mitte seines künstlichen Zuhauses.

Während der ersten paar Tage wirkte der Hase völlig unbeschwert. Wenn ich morgens zu ihm kam und mich seitlich über den Laufstall beugte, sprang er mir, sich wie immer auf die Fütterung freuend, in die Hand. Doch nach ein paar Tagen bemerkte ich Urinpfützen auf dem Bettlaken, die im Lauf der Zeit größer wurden, und daneben verteilt einige winzige Hasenköttel. Das bereitete mir Sorgen. Das Hasenjunge hatte seine Heukiste bisher immer gewissenhaft sauber gehalten. Einem Tier, das in seinen Abläufen so penibel war, musste es äußerst unangenehm sein, die Nacht in dieser unappetitlichen Umgebung zu verbringen. So ahnte ich bereits, dass etwas nicht stimmte. Eines Morgens war sein Urin seltsam rötlich, was mich verwirrte und erschreckte, weil sich an seiner Ernährung ja nichts geändert hatte.

Da gab ich das Laufgehege auf, schließlich, so sagte ich mir, würde ich den kleinen Hasen ohnehin in wenigen Wochen freilassen. Im schlimmsten Fall müsste ich den Zimmerteppich erneuern – ein Opfer, das mir das Wohlbefinden des zauberhaften Geschöpfs jetzt schon wert war. Doch der Gedanke, es nur eine Sekunde länger einzusperren, schien mir unerträglich. Also riss ich die Seitenwände des Laufstalls nieder, beseitigte jede Spur davon und stellte den Karton des Hasen wieder auf den Boden, während ich sowohl die Tür zu den anderen Räumen als auch die Tür in den Garten offenließ. Sein Verhalten änderte sich von einem Augenblick zum nächsten. Er hinterließ nie wieder Hasenköttel im Haus.

Die neu erlangte Freiheit animierte den Hasen dazu, seinen Stützpunkt zu verlegen, und zwar immer weiter in meinen Teil des Hauses, wo er seine Zeit im Wohnzimmer oder bei mir im Büro verbrachte, das ebenfalls in den kleinen Garten hinausführte. Ich öffnete die Tür einen Spaltbreit und ließ ihn auf eigene Faust herumlaufen. Als mir auffiel, dass er die rutschigen Holzdielen vermied und sich stattdessen lieber springend zwischen den abgedeckten Flächen fortbewegte, legte ich ihm einige »Trittsteine« aus Kissen auf die paar hölzernen Treppenstufen, die in mein Büro führten. Das leise Kratzen seiner Krallen auf dem Stoffbezug wurde für mich zum sicheren Zeichen, dass er in der Nähe war.

Nach mehreren Tagen zielstrebiger Vorstöße, denen stets eilige Rückzüge folgten, gelang es dem kleinen Hasen schließlich, die Treppenstufen zu erklimmen, die hinter dem Schreibtisch zu meinem Schlafzimmer hochführten. Er machte es sich zu Gewohnheit, während des Tages unter meinem Bett zu schlafen, unmittelbar über meinem Kopf, wenn ich unten arbeitete. Er kroch in die Falte eines herabhängenden Federbetts oder eines Deckenzipfels und schlief dort ein, dabei rollte er oft so weit zur Seite, dass man seinen weißen Bauch in voller Länge sah. Knie und Fußknöchel hatte er dabei genauso übereinander gebettet, wie ein Mensch es tun würde.

Da ich mir in meiner Unwissenheit Sorgen machte, dass der Hase dadurch faul oder zu zahm werden könnte, stieg ich in regelmäßigen Abständen die Stufen hinauf, hob ihn hoch und trug ihn ins Freie, wo ich ihn im Gras des kleinen Gartens absetzte und er im Schutz der Schafmauer, wie ich mir einredete, »ein richtiger Hase« sein konnte. Der Wind zerzauste ihm das Fell und legte unter der dunklen Oberfläche eine Schicht aus feinster, hellgrauer Unterwolle frei, die mich an die Daunen eines Vogelbabys erinnerte. Wenn er sich dann mit der Nase voran einen Weg durch das Gras bahnte, verdrehte er die Pfoten immer leicht nach innen, was ihm einen O-beinigen, sein zartes Alter noch hervorhebenden Gang verlieh. Die feinen Deckhaare in seinem Fell fingen das Sonnenlicht ein und ließen seine Konturen zu einem goldenen Schein verschwimmen. Der Hase legte die Löffel flach in den Wind und hielt sich stets in meiner Nähe auf. Ich lernte diese kleinen Unterbrechungen meines Arbeitstages immer mehr zu schätzen: Draußen auf den Steinstufen sitzend beobachtete ich mit einem Auge den Hasen und sah mit dem anderen den Lerchen zu, wie sie sich mit den ruckartigen Schlägen ihrer kräftigen Flügel in unglaubliche Höhen schraubten und die Landschaft mit ihrem Gesang erfüllten. Und ich war ein Teil davon. Der Hase blinzelte duldsam, putzte sich und hüpfte dann wieder ins Haus, um noch ein bisschen weiterzuschlafen.

An manchen Nachmittagen kam das Hasenjunge die Schlafzimmertreppe nur zur Hälfte herunter und blieb hinter mir auf einer Stufe mit Teppichbelag sitzen, offensichtlich unbeeindruckt vom Klang der Stimmen während endloser Videokonferenzen oder dem Rattern des Druckers, wenn er plötzlich zum Leben erwachte und Seite für Seite ausspuckte. Jedes Niesen oder andere fremde Geräusch – wie das Zischen beim Öffnen einer Mineralwasserflasche, auch wenn man sie noch so vorsichtig aufdrehte – sorgte dafür, dass er wie der Blitz aus dem Haus rannte. Doch im Normalfall hockte er mit angezogenen Hinterläufen dort auf der Treppe, putzte sich sorgfältig Schnauze oder Ohren und klapperte leise mit den Zähnen – *tschip-tschip* –, während ich meiner Arbeit nachging. Ein Großteil davon bestand aus Telefonaten, in denen ich manchen Leuten sogar erzählte, dass es den kleinen Hasen gab. Doch wie mir auffiel, verschwieg ich dabei, dass er mir immer mehr ans Herz wuchs. Ich mutmaßte, dass mir diese Tatsache als unseriös oder überemotional ausgelegt werden könnte, als ließe ich mich von einer kindlichen Begeisterung mitreißen.

Die Wahrheit war, dass das Tier mich zur Ruhe kommen ließ. Immer wieder schlich ich mich nun kurz vom Schreibtisch fort, um einen schnellen Blick auf den Hasen zu werfen, fasziniert von seiner sanften und friedvollen Art. Ich konnte gar nicht anders, als seine stete Gelassenheit mit der frenetischen Betriebsamkeit zu vergleichen, die mein Leben über Jahre hinweg bestimmt hatte und mit einem Zustand ständiger Wachsamkeit, mit Unberechenbarkeit und Dauerstress einherging. Das Hasenjunge hingegen wirkte völlig entspannt, als gehörte es auf dieses Fleckchen Erde, wenn auch nicht in die Behausung eines Menschen. Mir fiel ein, dass in dem verlassenen, verfallenen Gebäude vor dem Wiederaufbau immer wieder Hasen herumgetollt waren, eine Tatsache, die ich nun aus völlig anderen Augen betrachtete. Auch damals fand ich es aufregend, wenn ich ihnen begegnete, doch sie kamen nie in meine Nähe und nahmen beim leisesten Geräusch oder der kleinsten Bewegung Reißaus. Eines Morgens hatte ich ihre Spuren im frischen, noch trocknenden Betonfundament der Küche entdeckt, wo sie auch heute noch sind. Inzwischen befanden sie sich allerdings unter den verschiedenen Schichten aus Stein und anderen Materialien, die erforderlich sind, um uns wasserdichte, bequeme Behausungen zu bauen, die sowohl Mäuse und andere ländliche Besucher als auch die Elemente draußenhalten. Doch nun lebte wieder ein junger Hase an diesem Ort. Er war in gewisser Weise nach Hause gekommen.

Jeden Nachmittag um vier stand der Hase auf und begab sich hinaus in den Garten. In der Annahme, ich müsste ihm irgendeine Art Schutz vor dem wechselhaften Wetter bieten, lieh ich mir einen alten Holzkasten mit geneigtem Dach und einer Vorderseite aus Holzlatten aus, der früher als Unterschlupf für Fasanenküken gedient hatte. Man konnte ihn direkt auf die Wiese stellen, wie einen einfachen Verschlag. Ich reinigte ihn gründlich, desinfizierte ihn, füllte ihn wieder mit trockenem Gras vom Feldrand und stellte ihn an einer geschützten Stelle auf. Nachdem der Hase den unbekannten Gegenstand inspiziert hatte, ignorierte er ihn vollständig. Er zog es vor, sich selbst einen Unterschlupf zu suchen, von dem er einen ungehinderten Blick auf die Umgebung hatte. Denn, wie ich später erst lernte, hängt das Überleben eines Hasen davon ab, dass er Gefahren schon aus der Ferne herannahen sieht. Alles, was seine Sicht einschränkt, steigert die Chancen eines Raubtieres, sich an ihn heranzuschleichen. Ein rundum verschlossener Stall – gewissermaßen eine Sackgasse – ergibt aus Hasenperspektive keinerlei Sinn. Viel sicherer ist es für sie, sich im offenen Gelände zu verstecken, und der kleine Hase wusste das instinktiv.

Wenn es dämmerte, sammelte ich ihn im Garten ein, wo auch immer er sich gerade aufhielt, und brachte ihn ins Haus, um ihn in der Küche zu füttern. Nach dem Essen folgte er mir ins Wohnzimmer, sprang auf die Fensterbank über dem Sofa und legte sich nicht weit von meinem Kopf auf ein Kissen. Während ich las, bis das Tageslicht schwand, blickte er still hinaus auf die Felder und bewegte sich nur, um sich einer weiteren Etappe intensiver Körperpflege zu widmen. Wenn es für mich zu dunkel wurde, um die Buchstaben auf den Seiten zu entziffern, blieb der kleine Hase einfach sitzen und ich ging die Treppe hoch zu Bett. Am Morgen wartete er bereits an der Kante des Sofas auf mich, den Blick auf den Türrahmen gerichtet, in dem ich auftauchen musste. Es dauerte jedoch nicht lange, bis er mich auch nachts in meinem Schlafzimmer besuchen kam, ein paar Minuten mit seinen kleinen Füßen auf dem Teppich herumtrippelte und dann leise wieder verschwand. Damals kam mir dieser Gedanke noch gar nicht, aber später wurde mir klar, dass sein Verhalten in direktem Widerspruch zu dem gängigen Ruf des Feldhasen als Einzelgänger stand. Natürlich rollte er sich nicht auf meinem Schoß zusammen wie eine Katze oder ein anderes Haustier, er schien es aber durchaus zu mögen, wenn ich in Sichtweite war. So kam es, dass ich meine Arbeitstage mit ihm an meiner Seite verbrachte oder gelegentlich vom Schreibtisch aufstand, um ihm im Garten zuzusehen. Es waren nicht mehr meine eigenen Bedürfnisse, die den Tagesablauf bestimmten, sondern die Launen und Wege eines mir eben noch völlig fremden Geschöpfs, das in kein tierisches Verhaltensmuster passte, das mir je begegnet war.

Das Hasenjunge wuchs mit erstaunlicher Geschwindigkeit, vor allem an Ohren und Pfoten, die sich schneller in die Länge zu ziehen schienen als der Rest des Körpers, vielleicht weil Geschwindigkeit und Gehörsinn für die Sicherheit eines Hasen eine besonders wichtige Rolle spielen. Später erfuhr ich, dass Junghasen, wenn sie im Alter von etwa dreißig Tagen von der Muttermilch entwöhnt sind, mehr als acht Mal so schwer sind wie zum Zeitpunkt der Geburt und im Vergleich zum Menschen, der erst im Alter von ungefähr neun Jahren das Achtfache seines Geburtsgewichts erreicht, die weitaus schnellere Entwicklung hinlegen. Allein der Hinterfuß des Hasen wird im ausgewachsenen Zustand fünfzehn Zentimeter lang werden.

Ich fütterte den jungen Hasen mittlerweile nicht mehr in dem gelben Staubtuch, aus dem er längst herausgewachsen war. Er lag zum Trinken auch nicht mehr auf meiner Hand, sondern kletterte auf meinen Schoß und legte sich mit der Schwanzseite zu mir bäuchlings auf meine Oberschenkel. Mit einer Hand stützte ich seine Vorderpfoten ab und hielt mit der anderen die Flasche. Etwas Milch lief ihm nach wie vor das Kinn hinunter und versickerte im Stoff meiner Hose, doch sie durchdrang niemals seinen dichten Brustpelz, der Flüssigkeiten abwies wie Ölzeug. Der Hase hielt die Flasche immer noch fest umklammert, wenn er trank oder trat hektisch mit den Pfoten in die Luft. Er neigte den Kopf zur Seite, um den Sauger besser fassen zu können. Auf diese Weise hatte ich während des Fütterns Zeit, die rätselhafte Zeichnung seines Fells zu studieren und ihm in das mir zugewandte Auge zu sehen, in dessen tiefem Glanz ich mich samt dem Fenster und dem Himmel hinter mir spiegelte. In diesen Momenten fragte ich mich, was der Hase sich wohl dachte, wenn er mich ansah.

Als die Farben des Winters dem üppigen Grün des Frühlings wichen und die kräftiger werdende Sonne die Erde trocknete, tiefere Schatten warf und die Konturen schärfte, veränderte sich auch die Färbung des Hasenfells. Es verlor nach und nach seinen dunklen Schokoladenton, bis Pfoten, Flanken und Brust so hell waren wie verschüttete Sahne, nur der Rücken und die Ohren erinnerten noch an das Fellkleid des neugeborenen Hasen. Über Schultern und Gesicht verlief eine deutliche Linie zwischen den hell und dunkel gefärbten Flächen, die dunkle Stirn ging in eine graue Nase im Farbton einer Regenwolke über, Backen und Schnauze erschienen in zartestem Beige. Auch sein fein gefächerter Hasenbart war gewachsen und wies nun Haare von verschiedener Länge und Stärke auf. Am Ansatz weiß und danach fließend in schwarz übergehend, bildeten sie rund um die Nase des Hasen einen perfekten Trichter, während ihm auf der Stirn eine weitere Reihe etwas kürzerer Tasthaare wuchs.

Auch die Augen des jungen Hasen, die am Anfang

schwarz wie Tinte gewesen waren, wechselten die Farbe. So werden Hasen, wie sich herausstellte, wohl nicht mit den bernsteinfarbenen Augen geboren, die man von ihnen kennt. Im Laufe des ersten Monats bildete sich um die schwarze Pupille ein heller Ring, der sich nach und nach in eine verblüffend helle, leuchtende Iris verwandelte. Und um den Effekt noch zu verstärken, trug jedes ovale Augenlid nun eine dichte Bordüre aus schwarzem Fell, die wiederum in einen hellen Kreis eingebettet war. Hasen haben seitlich am Kopf sitzende, hervorstehende Augen. Von vorne betrachtet, bildeten Schnauze und Ohren des Hasenjungen ein perfektes V, dazwischen trug die breite Stirn etwas längeres, dichteres Haar, das beinahe wie ein Kamm wirkte. Die Augen formten perfekte Halbkreise, mit klar erkennbarer Iris und Pupille. Wenn der Hase mich aktiv ansehen wollte, richtete er ein Auge auf mich und fixierte mich von der Seite, doch ich wusste, dass er mich auch sehen konnte, wenn er sich von mir abgewandt hatte. Das ließ den Hasen aufmerksam und vorsichtig wirken, deutete aber auch darauf hin, dass er sich bei mir wohlfühlte. Ich konnte nur in seiner Nähe sein, weil er es mir erlaubte.

3.

Vier Wochen alt: kleiner Hase

Der Hase, zur allgemeinen Beute geboren …

Plinius der Ältere, *Naturalis historia*, 77–79 n. Chr.

Das Aufziehen des kleinen Hasen war ein ständiges Ausprobieren und Lernen. Es bereitete mir große Sorgen, nicht genau zu wissen, welches Futter er bekommen sollte, um auf ein Leben in der Wildnis vorbereitet zu sein, andererseits ging ich davon aus, dass ich wohl draußen vor meiner Tür auf Hinweise stoßen müsste. In der Annahme, dass er frisches Grün bräuchte, schnitt ich wieder von dem Gras ab, das er schon aus frühesten Tagen kannte, indem ich mit Schere und Müslischale ausgerüstet hinausging, die Gräser genau untersuchte und überlegte, welche Büschel oder Triebe ihm wohl am besten schmecken könnten. Doch jedes Mal, wenn ich mit meiner Auswahl zurückkam, stürzte sich der kleine Hase mit der Nase voraus in den Grasschnitt und kippte alles aus, essen wollte er es aber nicht. Ich habe seit Jahren einen Mitgliedsausweis der London Library, den ich nun dazu nutzte, das Archiv nach Büchern zu durchforsten, die mit Hasen zu tun hatten. Die Räumlichkeiten der Bibliothek waren aufgrund des Lockdowns geschlossen, daher waren die Mitarbeiter so nett, mir die Bücher einzupacken und zuzuschicken, sodass ich sie abends auf dem Sofa liegend lesen konnte, während der kleine Hase mir über die Schulter schaute und sich gelegentlich herabbeugte, um an einer Buchseite zu knabbern.

Bei meiner Lektüre stieß ich auf unzählige Ausführungen darüber, wie man Hasen jagt, tötet oder zubereitet, doch ich fand nicht ein Wort darüber, wie man sie aufzieht. Ich überblätterte eilig die zahllosen Farbdrucke von Stillleben mit toten Hasen, welche die Wände unserer Museen und Kunstausstellungen zieren: Hasen, die kopfüber von Fleischerhaken hängen oder der Länge nach hingeworfen auf Tischen liegen, die Läufe mit Seilen verknotet, während das Blut unter ihren Köpfen zu kleinen Pfützen zusammenläuft. Das Fleisch eines Hasen reicht aus, um sechs bis acht Personen satt zu bekommen, las ich. Die Rezepte, viele davon sehr alt, lauteten etwa so: »Hase in Kohl«, Hase »mit Blut und Brot«, mit Pfeffer und Bier gewürzt, Hase mit Bier und Kastanien, Hase mit Schokolade, Haseneintopf oder *Lièvre à la royale* – ein Rezept, das sogar einem König gerecht wird. Angeblich zum ersten Mal für König Ludwig XIV. zubereitet, wird das Gericht als ein »Juwel« der französischen Haute Cuisine beschrieben: Dazu wird der Hase entbeint und mit Gänsestopfleber, Trüffeln und dem Fleisch der Hasenkeulen gefüllt. Die dazu gereichte Rotweinsauce verdankt ihr besonders intensives Aroma dem hinzugefügten Blut. Solche Grausamkeiten in Gegenwart des kleinen Hasen zu lesen, fühlte sich beinahe wie Verrat an.

Irgendwann stolperte ich über die Gedichte von William Cowper, der 1774 nach dem unglücklichen Ende einer Liebschaft in einen Zustand der »seelischen Niedergeschlagenheit« verfiel. »Tag und Nacht«, so schrieb er, »durchlitt ich Höllenqualen, lag voll Angst und schwellender Verzweiflung darnieder.«

Seine Depression ließ erst nach, als er von seinen Nachbarskindern einen drei Monate alten Hasen geschenkt bekam: Puss. Später erwarb er noch zwei weitere Hasen, Tiney (die falsche englische Schreibung wählte er selbst) und Bess. Die drei Hasen lebten mit Cowper in dessen Haus und schliefen in hölzernen Behausungen, die er eigens für sie gebaut hatte.

Wie wir aus seinen Berichten wissen, liebte er diese Tiere so sehr, dass er sie in seinen Gedichten unsterblich machte. In »Epitaph on a Hare«, einer Art lyrischem Nachruf, den er am Tag nach Tineys Tod verfasste, stieß ich endlich auf die Informationen, nach denen ich gesucht hatte:

Er fraß am liebsten Weizenbrot,
Hafer, Milch und Stroh,
Disteln oder Blattsalat, zur Not,
auch Sand zum Magenwohl.

Ergötzte sich an Weißdornzweigen,
des Pepping-Apfels roten Wangen;
wenn saft'ges Grün bereits vergangen,
ließ sich schmecken Möhrchenscheiben.

Endlich hatte ich etwas, woran ich mich orientieren konnte. Cowpers Gedichte über die Hasen führten mich weiter zu einem Aufsatz, den er später für eine Publikation namens *The Gentleman's Magazine* geschrieben hatte. Darin beschrieb er »die Nahrungsmittel, die für Hasen am besten geeignet sind«, nämlich Gemüse-Gänsedistel, Löwenzahn und Blattsalat, grünes Getreide, Stroh jeder Art, Kräuter, Hafer sowie Brotwürfel, vermischt mit Möhrenraspel und Apfelschale.

Ich versuchte fast alles auf Cowpers Liste, mit gemischtem Erfolg. Das Hasenjunge ließ das Schwarzbrot, das Stroh, den Blattsalat, die Apfelschale und das Heu links liegen. Ich suchte die Wegränder nach Gänsedisteln ab, die im Englischen auch Hasendisteln genannt werden und dem Löwenzahn ziemlich ähnlichsehen, doch dem kleinen Hasen nicht zu schmecken schienen. Er gab sich höflich uninteressiert an Karotte, egal ob am Stück, geschnitten oder geraspelt. Ich bot ihm Petersilie an, die er bereitwillig knabberte, und Koriander, den er gierig verschlang. Anfangs schnitt ich ihm die Zweige noch von der Korianderpflanze ab, doch bald stellte ich ihm einfach den ganzen Topf hin. Woraufhin er die Nase zwischen den Trieben vergrub, mit seinem süßen Zähneklappern die Blättchen abfraß und ein kahles Nadelkissen aus sauber abgegrasten Stängeln hinterließ. Wenn ich ihn danach hochhob, um ihm seine Milch zu füttern, verströmte er einen angenehm zitronigen Duft. Haferflocken waren die ultimative Offenbarung: Immer, wenn ich ein paar davon in eine Schüssel streute, machte er sich mit sichtlicher Begeisterung darüber her.

Cowper hätte vermutlich nicht im Traum damit gerechnet, dass seine Gedichte 250 Jahre später tatsächlich als Anleitung zur Aufzucht eines kleinen Hasen verwendet würden, dennoch waren seine Worte für mich in vielerlei Hinsicht die nützlichsten. Der Grund, warum ich mich irgendwann von ihm lossagte, bestand darin, dass er seine Hasen nachts in einen Stall sperrte und ihr ganzes Leben lang als Haushasen hielt, auch wenn er sie gelegentlich mit nach draußen nahm. Ich hingegen war fest entschlossen, den kleinen Hasen nicht einzusperren. Immer, wenn er vor einer Tür wartete, machte ich ihm auf, auch wenn ich dafür mein Essen oder ein Meeting unterbrechen musste und dazu verleitet wurde, danach viel Zeit damit zu vergeuden, aus dem Fenster zu starren und seinen Bewegungen zu folgen. Ich wollte nicht, dass er sich je im Haus gefangen fühlte oder ihm umgekehrt der Zugang nach drinnen versperrt würde.

Von da an versuchte ich, den Hasengaumen mit kleinen Portionen Obst und Gemüse zufriedenzustellen. Eine Zeitlang fraß er liebend gern Kohl zu seinem Koriander. Als er größer wurde und mehr Zeit im Freien verbrachte, fraß er plötzlich beides nicht mehr, seine Vorliebe für Haferflocken verlor er hingegen nie.

Der kleine Hase hatte einen sehr eigenwilligen Geschmack. Eine reife Erdbeere, die ich ihm als süße Verlockung draußen hinstellte, beachtete er gar nicht. Doch eine Himbeere fraß er immer wieder gern. Das klebrige, schmatzende Geräusch, wenn ein Hase eine Himbeere frisst, kann man sich gar nicht vorstellen, wenn man es nicht selbst gehört hat. Im Gegensatz zu Hunden oder Papageien, die ihr Fressen manchmal mit den Pfoten fixieren, damit sie besser drankommen, nutzen Hasen dieses Hilfsmittel nicht, sondern nehmen den fingerhutförmigen Kegel an einem Zipfel ins Maul und zermalmen ihn langsam zwischen den Kiefern, indem sie die Frucht, die vor der Hasennase auf und nieder tanzt, Kügelchen für Kügelchen einsaugen. Es lag etwas sehr Ernstes, beinahe Besinnliches, in der langsamen, methodischen Art und Weise, wie der kleine Hase eine Beere fraß.

Gierig wurde er nie, sondern bediente sich immer nur kurz und verhalten vom Rand der Schüssel, beim Grasfressen draußen im Garten ließ er sich jedoch wesentlich mehr Zeit. Am meisten liebte er Klee. Er grub sich in die üppigsten, dichtesten Büschel, bis nur noch die Ohren zu sehen waren, außerdem fraß er ausgiebig von sämtlichen Pflanzen, die er vor Kurzem noch verschmäht hatte, als ich sie ihm abgeschnitten hatte. Offensichtlich bevorzugte er es, sie frisch zu ernten. Die Wiese stand nun voller Butterblumen und Löwenzahn, was mir die Gelegenheit gab, mich über die speziellen Essgewohnheiten des Hasen zu amüsieren. Gras pflegte er nämlich von der Halmspitze abwärts zu fressen, während er es bei Blumen umgekehrt machte. Löwenzahn knipste er bodennah ab und beförderte den Stängel nach und nach in seinen Mund, bis die leuchtend gelben Blütenblätter unmittelbar vor seiner Schnauze schwebten, dann trennte er die Blüte sauber ab und ließ sie zwischen seine Pfoten fallen.

Ich versuchte so gewissenhaft wie möglich gegen Keime vorzugehen, sowohl gegen jene, die ich auf ihn übertragen könnte, als auch gegen solche, die er wahrscheinlich selbst am Körper trug. Also wusch ich mir die Hände vor und nach jeder Berührung des Hasen, desinfizierte jeden Tag Futterschüsseln und Oberflächen und wischte die Holzböden. Jeden Morgen, wenn ich in die Küche kam, war mir der kleine Hase nun dicht auf den Fersen, stellte sich auf die Hinterläufe und legte mir schon während ich mich zu ihm auf den Boden setzte, die Vorderpfoten auf die Beine. Dann kletterte er zu mir auf den Schoß und suchte nach der Flasche. Im Gegensatz zu laut miauenden Katzen oder ungeduldig bellenden Welpen gab er keinen Laut von sich, um mich zur Eile zu mahnen, doch er konnte es kaum erwarten, daran bestand kein Zweifel. Wenn ich einmal länger schlief, saß er am Ende des Läufers und wartete geduldig, solange es eben dauerte, bis ich auftauchte. Das *Tschip-tschip* der allerersten Zeit war nicht länger das Begleitgeräusch zu seinen Erkundungstouren durch das Haus. Doch wenn er gefressen hatte und sich danach von mir entfernte, gab er oft einen Laut von sich, der wie die seltsamste Musik klang: lauter als ein Hauchen, aber auch kein Seufzen, sondern höher, kein Knurren, sondern zarter und kein Prusten, sondern melodiöser. Kurz gesagt, ein Geräusch, das sich jeglicher Beschreibung entzog. Es klang wie die zarteste Note, die ein winziger Lufthauch einer Mundharmonika entlocken könnte, ein kurzer, hoher Atemstoß, der irgendetwas zum Schwingen brachte, denn Stimmbänder besitzen Hasen nicht, wie ich aus meiner Lektüre erfahren hatte. Jeden Tag staunte ich über neue Aspekte im Verhalten des heranwachsenden Hasen und hegte den immer stärker werdenden Wunsch, alles darüber in Erfahrung zu bringen, was so gar nicht meinen bisherigen Interessen und Neigungen entsprach.

Der kleine Hase war, wie ich herausfand, ein Vertreter der Feldhasen, mit wissenschaftlichem Namen *Lepus europaeus*, einer von mehr als dreißig Hasenarten, die es heute auf der Welt gibt. Er wird als Nachfahre des *Lepus capensis* betrachtet, auch Kaphase genannt, der ältesten bekannten Hasenart, deren Ursprung vermutlich im Nahen Osten liegt. Funde von fossilen Feldhasenknochen wurden auf ein Alter von 126 000 bis zu 1,8 Millionen Jahren datiert. Als sich das Eis nach der letzten Kaltzeit zurückzog und der europäische Kontinent vom Menschen besiedelt und landwirtschaftlich erschlossen wurde, vergrößerte sich auch das Verbreitungsgebiet der Hasen.

Ab der Jahrhundertwende ging die Feldhasenpopulation in Großbritannien und anderen Teilen Europas drastisch zurück, sodass die Art nur noch in einigen isolierten Landschaftsabschnitten zu finden war und nicht mehr, wie zuvor, beinahe überall. Laut Angaben von Umweltschützern verlor Großbritannien in hundert Jahren mehr als achtzig Prozent seines Hasenbestandes. Das erklärt zum Teil auch, warum viele meiner Freunde noch nie einen Hasen gesehen haben, geschweige denn wissen, dass man die Jungtiere (im Englischen) »Leveret« nennt.

Das Wort stammt aus dem Französischen und ist eine Verkleinerungsform von *Lièvre*, es bedeutet also

»kleiner Hase«. Die Bezeichnung, die auf den ersten Blick vielleicht etwas zu wörtlich, ja nahezu prosaisch erscheint, ist tatsächlich mehr als passend, denn jeder kleine Hase ist schon bei der Geburt eine perfekte Miniaturausgabe des erwachsenen Hasen, mit voll entwickeltem Haarkleid und geöffneten Augen. Während Kaninchen blind und mit nackter, rosa Haut in einem unterirdischen Nest auf die Welt kommen, müssen Hasen vom ersten Moment an allein zurechtkommen, draußen auf freier Flur. Nun verstand ich erst, warum Hasen ihr Fell unaufhörlich trocknen und pflegen müssen. Kalte Winde und Schnee können ein Hasenjunges umbringen. Ist ihr Fell erst durchnässt, verliert es seine isolierende Wirkung, und wenn die Temperaturen dann auf unter acht Grad Celsius fallen, erfrieren viele Feldhasenbabys. Bei starken Regenfällen kommt es vor, dass sie ertrinken.

Hasen haben sich weltweit an die unterschiedlichsten Lebensräume angepasst – angefangen von Mooren und Marschländern über Wüsten, Prärien, Macchien und Gebirgsplateaus bis hin zur arktischen Tundra. Beim Feldhasen handelt es sich keineswegs um die einzige Hasenart in Europa (obwohl die Populationen anderer Arten häufig kleiner sind): Im Kantabrischen Gebirge in Spanien lebt zum Beispiel der Ginsterhase, benannt nach der Pflanze, die ihm Nahrung und Unterschlupf gewährt; der Korsika-Hase, auch Apenninenhase genannt, kommt auf dem italienischen Festland und auf den Inseln Sizilien und Korsika vor; und in Spanien und Portugal begegnet man dem weiß gepunkteten Iberischen Hasen.

Einige Arten haben Strategien gegen extreme Hitze oder Kälte entwickelt. Hasen, die in der Wüste leben, können Wasser trinken, das einen doppelt so hohen Salzgehalt aufweist wie Meerwasser. Sie erreichen nur ein Drittel der Körpergröße von Feldhasen und besitzen einen wesentlich geringeren Grundumsatz, was ihnen erlaubt, ihre Körpertemperatur herabzusenken. Außerdem nutzen sie ihre Ohren zum Ableiten überschüssiger Hitze aus dem Körper und um sich selbst Schatten zu spenden. Der Polarhase überlebt Temperaturen von bis zu minus dreißig oder vierzig Grad Celsius und deckt seinen Wasserbedarf aus Schnee. Seine Fellfarbe ist je nach Jahreszeit braun oder weiß, eine Eigenschaft, die er mit seinen beiden engen Verwandten, dem Schneeschuhhasen und dem Schneehasen, teilt. Letzterer trägt den reizenden wissenschaftlichen Namen *Lepus timidus* und kommt in Russland zwischen Tundra und Taiga, in Sibirien, Schottland und Skandinavien vor. Durch die Position seiner Augen hat er ein beinahe rundum reichendes Gesichtsfeld.

Trotz ihrer großen Anpassungsfähigkeit sind Hasen außerordentlich verletzlich. In den ersten drei oder vier Wochen ihres Lebens sind sie nicht in der Lage, vor Gefahren zu fliehen. Sie könnten keinem Angreifer entkommen. So können sie nur versuchen, sich gut zu verstecken oder völlig reglos zu verharren. Aus diesem Grund stellt der Mensch für Hasen sogar eine noch größere Gefahr dar als die Kräfte der Natur oder die Bedrohung durch andere Tiere. Ein Hase, der einer Gefahr ausgesetzt ist, kauert sich instinktiv zusammen und versteckt sich, was zur Folge hat, dass die Tiere regelmäßig von landwirtschaftlichen Maschinen überfahren oder in Stücke gerissen werden. Im Durchschnitt erreicht nur ein Viertel aller Junghasen das Erwachsenenalter, manchmal sind es auch sehr viel weniger. In einer Fortpflanzungssaison stellte eine Studie sogar eine Mortalität von fünfzig Prozent innerhalb der ersten achtundzwanzig Lebenstage der Hasenjungen fest. Man kam darin zu dem Schluss, dass die Sterblichkeit von Junghasen aufgrund landwirtschaftlicher Aktivität mit Abstand der Hauptfaktor für die drastische Reduktion der Feldhasenpopulation ist.

Aus genannten Gründen kommt es nur selten vor, dass ein Feldhase in freier Wildbahn länger lebt als drei oder vier Jahre, viel wahrscheinlicher ist es, dass er nicht älter wird als ein Jahr, ein Schicksal, das ich mir für den kleinen Hasen neben mir gar nicht vorstellen wollte. Als ich ihn fand, war er so leicht, dass er kaum älter sein konnte als ein oder zwei Tage. Wenn er überlebte, wäre er in acht Monaten ausgewachsen, würde bis zur Vollendung des ersten Lebensjahres als Jungtier gelten und danach weitere drei Jahre an Körpergewicht zulegen.

Hasen sind, auch das lernte ich, dämmerungsaktive

Tiere. Das heißt in anderen Worten, dass sie im Halbdunkel der Morgen- und Abenddämmerung am aktivsten sind, und auch die Dunkelheit der Nachtstunden hilft ihnen dabei, von Raubtieren unbemerkt zu bleiben. Mir wurde klar, dass meine anfängliche Angewohnheit, den Hasen immer wieder zu stören und in den Garten hinauszutragen, vergleichbar damit wäre, jemanden mitten in der Nacht zu wecken und ihm vorzuschlagen, er möchte doch draußen einen Spaziergang unternehmen.

Mitte April, als der kleine Hase sechs Wochen alt war, veränderte sich auf einmal sein Fell. Der Haarwechsel begann mit einem einzelnen, münzgroßen Fleck fehlenden Fells auf dem Rücken, durch den die graue Unterwolle zum Vorschein kam, sodass man meinen konnte, er würde kahl. Eine Zeitlang sah er dadurch schrecklich verwahrlost aus. Das fand auch mein Bruder, als er mich einmal besuchen kam und sich zur Begrüßung zu dem kleinen Hasen hinunterbeugte, der auf den Gartenstufen saß. Ob ich sicher sei, dass es ihm gut geht? Sofort stellte ich mich verteidigend vor ihn, obwohl er tatsächlich ziemlich zerrupft aussah. Das graue, weiche Fell löste sich in Büscheln von seinem Rücken, von den Läufen und schließlich auch von seinem Kopf. Nach und nach schälte er sich aus seinem kindlichen Winterfell, bis ein glattes, braunes Fell zum Vorschein kam, das besonders auf der Brust eine rötliche Tönung aufwies, fast wie bei einem Fuchs.

In meinem Garten war während einer Hitzeperiode letzten Sommer einer der Bäume vertrocknet. Als ich ihn ausgrub, blieb im Boden eine tiefe, wannenförmige Mulde zurück. Es dauerte nicht lange, bis der Hase sie entdeckt hatte und begann, sie als Erdbad zu nutzen. Er verschwand in der trockenen, erdigen Grube und wälzte sich dort auf dem Rücken herum, bis nur noch die Spitzen seiner Pfoten herausragten, was ihm auch beim Fellwechsel zu helfen schien. Während der vier Wochen, die der kleine Hase für den gesamten Prozess brauchte, sah ich immer wieder milchig-graue Fellknäuel über die Holz- und Steinböden des Hauses gleiten.

Doch ich bemerkte noch andere Veränderungen. Während zuvor der gesamte Körper des kleinen Hasen in meine Hand gepasst hatte, reichte der Platz jetzt nur noch für den Kopf, sodass ich beide Hände brauchte, um ihn hochzuheben. Wenn er die Läufe unter dem Körper eingezogen hatte, wirkte er immer noch klein, doch wenn er sich auf die Hinterbeine stellte und sich gegen ein Fenster lehnte, war er von den Füßen bis zu den Vorderpfoten, die gegen die Glasscheibe drückten, um die vierzig Zentimeter lang, schlank und kräftig.

4.
Hase ohne Namen

Ich hielt ihn, weil er lustig war,
und oft mein Herz umgarnte,
um schmerzliche Gedanken zu vergessen
und mir ein Lächeln abzuringen.

William Cowper, *Epitaph on a Hare*, 1783

Mit zehn Wochen hatte der kleine Hase bereits länger gelebt, als irgendjemand erwartet hatte, was dazu führte, dass mich Freunde und Familie nun pausenlos mit Namensvorschlägen bombardierten. Auf

Wortmeldungen wie »Er scheint sich ja ganz gut zu machen« oder »Du hast ihn weit gebracht«, folgte für gewöhnlich der Satz: »Hat er schon einen Namen?« Ich versuchte dann, das Thema zu wechseln, weil ich eine merkwürdige Aversion dagegen entwickelt hatte.

War es seltsam von mir, dem kleinen Hasen keinen Namen geben zu wollen? Schließlich schienen alle anderen die Idee völlig normal zu finden, ja sogar süß. Doch ein Name würde bedeuten, den kleinen Hasen zum Haustier zu erklären, was ihm meiner Meinung nach etwas nehmen würde. Ich hatte bereits in den Lauf seines Lebens eingegriffen, sodass es nun in meiner Verantwortung lag, ihn auf das Leben in Freiheit vorzubereiten. Wenn ich mich zu ihm hinunterbeugte und ihn hochhob, um ihn so sanft und so vorsichtig wie möglich zu füttern, nannte ich ihn höchstens »Kleiner«.

Die Annahme, der Hase sei ein Haustier, ist gar nicht so weit hergeholt, Kaninchen hält sich der Mensch schließlich schon seit Jahrtausenden. Doch im Gegensatz zum Kaninchen oder zum Hund ist der Feldhase nie domestiziert worden, obwohl ein archäologischer Fund aus dem steinzeitlichen China nahelegt, dass es dort möglicherweise eine teilweise Domestizierung von Hasen gegeben haben könnte. Als Kind hatte ich ein Kaninchen gehabt, daher wusste ich, dass der Feldhase sich von ihm grundlegend unterscheidet, auch wenn ich die Abweichungen nicht exakt benennen konnte. Wenn ich mir früher einen

Feldhasen vorstellte, dann als eine größere Version eines Kaninchens, und damit war ich, wie ich nun feststellte, nicht allein. Ein Freund, der aus dem Nahen Osten stammt, erzählte mir, dass die arabische Sprache für beide Arten dasselbe Wort benutzt. In Nordamerika nennt man den kalifornischen Eselhasen »Jackrabbit«, obwohl es Jack*hare* heißen müsste, während die im südlichen Afrika beheimateten Wollschwanzhasen und Buschmannhasen eigentlich Kaninchen sind. Das aus Belgien stammende Hasenkaninchen, ein beliebtes Haustier, ist ein Kaninchen, dem sein hasenähnliches Aussehen angezüchtet wurde.

Kaninchen und Hasen gehören beide zur Ordnung der *Lagomorpha,* der Hasenartigen. Sie haben einige gemeinsame Merkmale, wie zum Beispiel den perforierten, gitterartigen Schädelaufbau, der dazu dient, ihr Gehirn vor den Erschütterungen, die beim Springen entstehen, zu schützen. Hasen sind jedoch im Allgemeinen doppelt so groß wie Kaninchen, und tatsächlich bedeutet das griechische Wort für Kaninchen »halber Hase«. Feldhasen können ein Körpergewicht von fünf Kilogramm erreichen, während wilde Kaninchen nicht schwerer werden als zwei Kilogramm, außerdem kann der Körper eines Hasen beinahe doppelt so lang werden wie der eines Kaninchens. Doch die Unterschiede zwischen beiden reichen weit über ihre Körpermaße hinaus. Es handelt sich dabei also um zwei völlig eigenständige Gattungen, die sich niemals kreuzen.

Optisch ist der Kopf des Kaninchens runder als ein Hasenkopf, die Ohren sind ebenfalls runder und kürzer, zudem fehlen ihnen die für Hasen typischen schwarzen Spitzen. Die rein schwarzen Augen von Kaninchen haben keine bernsteinfarbene Iris und sitzen weiter unten am Kopf. Kaninchenfell ist üblicherweise grau, im Gegensatz zu dem braun gesprenkelten Fell der meisten Flachlandhasen. Kaninchen haben einen gedrungenen Körperbau, kurze Beine und einen kurzen Nacken, sie bewegen sich mit Hoppeln und Sprüngen fort und ihr weißes Schwänzchen ist immer zu sehen. Ganz anders der Hase, der sich mit langen Schritten fortbewegt, während der Schwanz stets nach unten zeigt und nur die schwarze Oberseite zu sehen ist. Die meisten Kaninchenarten leben in unterirdischen Bauten, in denen sie ihre Jungen aufziehen und beim ersten Anzeichen von Gefahr Zuflucht suchen, wie in einem Atombunker. Eine Ausnahme bildet das amerikanische Baumwollschwanzkaninchen, das sich Löcher oder Spalten im Boden zunutze macht, beziehungsweise von anderen Tieren gegrabene Bauten benutzt. Im Laufe der Evolution haben Hasen gelernt, ohne den Schutz eines Baus zu überleben. Sie scharren sich lediglich eine flache Vertiefung oder »Sasse« in den Untergrund, zu der sie regelmäßig zurückkehren. Kaninchen verhalten sich Hasen gegenüber aggressiv, obwohl sie wesentlich kleiner sind, zudem ist erwiesen, dass sie sie aus ihrem Territorium vertreiben.

Hat man beide Tiere erst einmal nebeneinander gesehen, kann man sie niemals wieder verwechseln. Mit ihrer Größe, der dunkleren Fellfärbung und den langgezogenen Schnauzen erinnern Hasen viel eher an Hunde oder Kleinwild als es Kaninchen tun, doch weil sie wesentlich seltener vorkommen, sind die Unterschiede vielen Menschen nicht bewusst, so wie sie auch mir nicht bewusst waren. In der Populärkultur werden Kaninchen oft mit den Eigenschaften eines Hasen abgebildet, Bugs Bunny ist vielleicht das beste Beispiel dafür. Sprachliche Vermischungen spielen dabei ebenfalls eine Rolle. Der englische Terminus »Jackrabbit« ist vermutlich eine Ableitung von »Jackass Rabbit«, dt. etwa »Eselskaninchen«, ein Name, den wohl bereits die frühen Siedler aus Europa dem amerikanischen Hasen gaben. Auch Mark Twain war zumindest zum Teil dafür verantwortlich, dass diese wenig schmeichelhafte Benennung immer weitere Verbreitung fand. In seinem Buch *Hart im Nehmen* erzählt er von einer Reise in der Postkutsche durch die Wüste von Nevada, die er im Jahre 1861 mit seinem Bruder unternahm:

> Als die Sonne unterging, sahen wir das erste Exemplar eines Tieres, das über zweitausend Meilen von Bergen und Wüsten – von Kansas bis zum Pazifischen Ozean – als »Jackass-Kaninchen« bekannt ist. Sein Name ist gut gewählt. Es ist wie jedes andere Kaninchen, nur dass es ein Drittel bis doppelt so

> groß ist, im Verhältnis zu seiner Größe längere Beine hat und die absurdesten Ohren trägt, die je an einem anderen Lebewesen als einem Esel angebracht wurden.

Twain und seine Mitreisenden machten sich einen Spaß daraus, mit ihren Pistolen auf die Tiere zu schießen und zuzusehen, wie sie durch die Salbeibüsche flüchteten. Der Hase, räumte Twain bewundernd ein, »streut mit einer Gleichgültigkeit, die bezaubernd ist, Meilen hinter sich«.

Mittlerweile hatte auch der kleine Hase entdeckt, dass er Sprungfedern und eine immense Kraft in den Beinen besaß. Er schlug auf dem kleinen Flecken Rasen des inneren Gartens wilde Haken, wie ein buckelnder Miniatur-Mustang, alle vier Pfoten weit über dem Boden, steif abgespreizt wie Springstöcke, und riss den Kopf so wild herum, dass sich die Ohren zwirbelten.

Er konnte aus dem Stand lossprinten: Dazu stieß er sich mit den Hinterbeinen ab, machte sich in der Horizontalen so lang wie möglich und überstreckte den Rücken dabei so weit, dass Kopf und Gesäß höher standen als der restliche Körper. Die großen Ohren waren aufgestellt. Mitten im Flug wechselte er die Position: Er zog die Hinterläufe nach vorne bis über die Ohren, während die Vorderpfoten nach unten zeigten, wie ein Frosch im Sprung, nur dass er beinahe zu fliegen schien. Dann landete er, wirbelte herum und sprang in eine andere Richtung, immer wieder von neuem. Dabei zeigte er die bemerkenswerte Fähigkeit, mitten im Lauf immer wieder kerzengerade in die Luft zu springen.

Einmal hatte ich auf dem Gras einen Teppich ausgerollt, in der Absicht, mich dort niederzulassen und in der Sonne mein Buch zu lesen. Als ich wenig später mit dem Buch und einem Kissen unter dem Arm nach draußen zurückkehrte, hatte der Hase den Teppich bereits beschlagnahmt. Im Affentempo sprang und wirbelte er im Kreis darauf herum, trat aber niemals über den Rand des Teppichs hinaus, wie ein Kunstturner, der seine Bodenübungen trainiert.

Wenn der kleine Hase mich herausfordern wollte, ihm nachzurennen, kam er zu mir und hüpfte verspielt vor mir herum. Dann stob er davon, drehte mitten im Lauf um und kam verlockend nahe zu mir zurück, nur um sich erneut aus dem Staub zu machen. Es war eine beeindruckende Demonstration seiner Flinkheit, während ich in dem Versuch, mit ihm mitzuhalten, immer nur unbeholfen hinterherhinkte und mich vollends blamierte. Der Hase hingegen konnte minutenlang so weitermachen und ohne jegliche Mühe seine Kreise um mich ziehen. Wie aus heiterem Himmel hörte er irgendwann einfach auf und wandte sich wieder dem Grasfressen zu, als wäre nichts gewesen. Er war kaum außer Atem, während ich keuchend auf dem Boden lag und anerkennen musste, wie langsam und plump ich neben einem Geschöpf war, das zehnmal schneller rennen konnte als ich, obwohl es immer noch so klein war, dass ich es auf einem Arm halten konnte.

Im ausgewachsenen Zustand würde der kleine Hase zwischen fünfzig und achtzig Kilometer pro Stunde schnell laufen können, im Vergleich zu den acht oder neun Stundenkilometern, die ein durchschnittlicher Mensch zustande bringt, oder den etwa vierundvierzig Stundenkilometern, die der Allerschnellste von uns laufen kann. Hasen legen siebenunddreißig Mal ihre eigene Körperlänge pro Sekunde zurück, wesentlich mehr als die dreiundzwanzig Körperlängen pro Sekunde, die ein kräftiger Gepard zu bewältigen vermag. Hasen sind jedoch in höchstem Maße auf diese hohe Geschwindigkeit angewiesen, um ihre Jäger abschütteln zu können, und davon gibt es viele: Füchse, Adler, Falken und andere Greifvögel, Rabenkrähen, Saatkrähen und Kolkraben, Hauskatzen und *Mustelidae* – ein Gattungsname, für den ich zum Wörterbuch greifen musste, um herauszufinden, dass er Dachse, Frettchen, Hermeline, Wiesel, Baummarder, Otter und Vielfraße einschließt.

Ein voll ausgewachsener *Lepus europaeus* kann zwei Meter hoch und fast drei Meter weit springen, außerdem wurde beobachtet, dass er in der Lage ist, einen Kilometer weit in offenen Gewässern zu schwimmen. Seine Kraft erklärt sich zum Teil dadurch, dass ein Viertel seines Körpers aus Muskeln besteht. Tatsächlich ist die Rückenmuskulatur eines Hasen im Verhältnis zum Körpergewicht wesentlich stärker ausgeprägt als beim Hund oder beim Pferd. Das Herz eines Hasen wiegt im Durchschnitt ein Prozent seines Körpergewichts – verglichen mit etwa einem halben Prozent beim Menschen – und schlägt im Ruhezustand bis zu einhundertvierzig Mal pro Minute, also ungefähr doppelt so schnell wie ein Menschenherz. Dadurch erlangen Hasen die nötige Kraft, um Raubtiere abzuhängen, doch diese Kraft macht sie auch anfällig für Überbelastung. Hasen können, ebenso wie andere Beutetiere, eine sogenannte »Capture-Myopathie« erleiden, ein durch Hetze und Gefangenschaft hervorgerufenes, für Wildtiere tödliches Trauma. Es ist auch dokumentiert, dass Hasen in dem verzweifelten Versuch, der Gefangenschaft zu entkommen, an Knochen- oder Genickbrüchen starben, nachdem sie sich gegen die Gitterstäbe geworfen hatten.

Ich beschloss, dass der kleine Hase nun mehr Freiraum brauchte und öffnete das kleine Gatter, das die Lücke in der Mauer des Schafpferchs verschloss, damit er sich im ganzen Garten austoben konnte. In diesem erweiterten Raum mit mir Fangen zu spielen, genoss er in vollen Zügen: Er sprang auf mich zu und sprintete davon, kam zurück und alles ging von vorne los. Er flitzte durch das im Sonnenschein funkelnde Gras, duckte sich, umkreiste mich ohne Unterlass und ließ mich mit seiner Flinkheit ziemlich alt aussehen. Er preschte mit solcher Geschwindigkeit die Hecke entlang, pausenlos auf und ab, dass es unmöglich war, ihm noch mit Blicken oder gar einer Kamera zu folgen. Wenn der Hase die Richtung wechselte, tat er es immer an Ort und Stelle, wobei er sich nie im Kreis drehte; alles geschah in Sekundenbruchteilen. Während wir so miteinander spielten, achtete ich stets darauf, ihm nie zu nahe zu kommen, um ihn nicht zu verängstigen. Die meiste Zeit jedoch spielte er allein, schraubte sich in die Luft und landete auf auseinandergespreizten Pfoten, als wäre er verschreckt und ängstlich, und rannte dann, spitzwinklige Haken schlagend, quer durch die Wiese davon. Ich hatte ein schlechtes Gewissen, dass ich ihn je im Käfig gehalten hatte, auch wenn es nur für wenige, kurze Tage gewesen war. Nach allem, was ich hier beobachten konnte, musste es für einen Hasen das pure Vergnügen sein, frei zu rennen, ein Leben im Käfig hingegen wäre für ihn eine Qual. Hasen sind einfach zum Laufen gemacht. Ich beobachtete nun häufiger auch die anderen Hasen in den Feldern draußen vor dem Garten, wie sie dahinspurteten und dabei kaum den Boden berührten. Wenn sie dann über den Kamm des ersten Hügels verschwunden waren, bemerkte ich erst, dass ich die ganze Zeit über den Atem angehalten hatte.

Das traurige Schicksal von Hasen ist, dass ihnen ausgerechnet ihre Geschwindigkeit zum Verhängnis wird, denn das macht sie für menschliche Jäger so attraktiv. Von den griechischen Bergen, über die Wüsten Ägyptens bis hinein in die Täler Großbritanniens hat der Mensch seit der Antike Jagd auf Hasen gemacht:

zu Fuß, zu Pferde, mit Falken und Greifvögeln, mit Rudeln von Jagdhunden, Beagles und Bassets, mit Flinten und Gewehren oder mit grausamen Drahtschlingen, die man über Laufwege spannte, um die Hasen zu fangen und zu strangulieren. Früher waren Hasen ein wertvoller Fleischlieferant, zudem nutzte der Mensch ihre Knochen und Felle zur Herstellung von Werkzeugen oder als Schmuck beziehungsweise Innenfutter für Kleidungsstücke und Handschuhe.

In seiner Kurzgeschichte vom »Kleinen Springer« beschreibt Ernest Thompson Seton die Hasen-Treibjagd im Amerika des frühen 20. Jahrhunderts: Dabei gingen die Treiber im Abstand von dreißig bis vierzig Metern auf einer Schützenlinie von fünf Meilen, stießen mit Stöcken ins Gebüsch, um die Hasen vor sich her zu treiben und am Ende in einen Käfig zu sperren. Seton berichtet von einer Jagd, bei der »eine Menge von mehr als viertausend Stück erbarmungslos hingeschlachtet wurde«, während fünfhundert der kräftigsten Exemplare lebend fortgebracht und in Käfige gesperrt wurden, um bei der Hetzjagd, dem *Coursing*, zwei Windhunden als Beute zu dienen. Setons Geschichte handelt von einem dieser Hasen in Gefangenschaft, eben jenem titelgebenden Kleinen Springer, der die Begegnung mit den Windhunden dreizehn Mal überlebte und für jedes knappe Entrinnen einen Stern ins Ohr gestochen bekam, bevor eine gute Seele sich seiner erbarmte und ihn freiließ. Auf alten Fotografien von Hasenjagden jener Zeit sind ganze

Landstriche zu sehen, die mit toten Hasen übersät sind und Kadaver, die als Trophäen auf Zäunen drapiert wurden.

Die Hetzjagd wurde in Großbritannien entwickelt, um das Durchhaltevermögen preisgekrönter Jagdhunde zu testen. Zu diesem Zweck benötigte man eine geeignete Beute, und so wurde es dem Feldhasen zum Verhängnis, dass er zu den schnellsten an Land lebenden Säugetieren gehört. Die Hetzjagd ist mittlerweile verboten, doch unter der Hand floriert der Sport nach wie vor. Der Hase selbst ist für die Jäger, für die einzig die Leistung ihrer Hunde zählt, nicht von Interesse, und so wird der Kadaver meist einfach entsorgt. Das Wildern – in anderen Worten Stehlen – von Hasen in Gebieten in Fremdbesitz ist untersagt, doch es gibt kein Gesetz, das Landbesitzern oder Bauern verbietet, die Hasen selbst zu schießen oder andere auf ihrem Land zur Jagd einzuladen.

Hunderttausende Feldhasen werden in Großbritannien jedes Jahr zur reinen Belustigung erschossen, in ganz Europa geht die Zahl in die Millionen, oft zahlen die Kunden für diesen Spaß große Summen Geld. Aus unerklärlichen Gründen sind Hasen in Großbritannien die einzige Wildtierart, für die es keine Schonzeit gibt, das bedeutet also, dass sie auch während der Trage- oder Stillzeit gejagt werden können. Jagden finden gewöhnlich im Februar statt, am Ende der Fasanensaison, wenn die Fortpflanzungszeit der Hasen bereits begonnen hat. Die Geburt des Hasenjungen, das ich Mitte Februar gefunden hatte, ist ein Beispiel dafür.

Paradoxerweise stammen einige der klügsten und bewegendsten Beschreibungen von Hasen, die mir bei meiner Recherche untergekommen sind, ausgerechnet von Jägern, die trotz der historisch belegten Blutrünstigkeit gegenüber diesen Tieren fasziniert waren von ihrer Kraft, Geschicklichkeit und Schläue, von ihrer Fähigkeit, dem Tod zu entrinnen, und von der Ausdauer, mit der sie den Hunden oft über eine Strecke von zehn Kilometern und mehr entkommen können, bevor sie aufgeben. *The Noble Art of Venery or Hunting* von George Gascoigne aus dem Jahr 1575 enthält nicht nur detaillierte Anleitungen für sämtliche bekannten Arten der Hasenjagd, sondern auch ein Gedicht, in dem ein Hase das Wort an seinen Verfolger richtet:

Ist des Menschen Sinn denn schon so leer,
dass eines harmlosen Wesens Leid ihn ergötzt?
Dies hilflose Tier, dies arme Ding ohne Gegenwehr?
Ein Wurm, der nicht beißt und auch nicht kratzt?
Wenn dem so sei, danke ich dem Schöpfer dafür,
dass ich nicht Mensch bin, sondern Tier.

Auch William Cowper verurteilte die Jagd auf Hasen, so schreibt er etwa, dass er »das Vergnügen des Hobbyjägers« verabscheue, denn »wie wenig weiß er davon, welch liebenswerte Geschöpfe er verfolgt, welcher Dankbarkeit sie fähig sind, welch freudiges Gemüt und welche Lust am Leben sie empfinden, den Menschen, wie es scheint, nur deshalb besonders fürchtend, weil er ihnen besonderen Grund dazu gibt.«

Ein beunruhigendes Detail, auf das ich in diesen Berichten immer wieder stieß, ist, dass Hasen, die in Fallen geraten sind oder sterben, offenbar einen gellenden Schrei ausstoßen, vergleichbar mit einem Kind, das sich wehgetan hat. In *The Chase*, einem Gedicht aus dem Jahr 1753, das die Freuden der Jagd besingt, beschreibt William Somervile die letzten Minuten im Leben eines Hasenweibchens, das von einem Rudel Hunde niedergestreckt wird:

Wie flink sie Haken schlägt,
den klaffenden Mäulern entflieht!
Eine Weile noch lebt sie,
bis das gierige Rudel sie umringt.
Und mit dem Schrei eines Kindes
Tut sie den letzten Atemzug und stirbt.

In seinen *Notes of an East Siberian Hunter* schreibt der russische Schriftsteller A. A. Cherkassov im 19. Jahrhundert: »Wenn ein Hase von einem Hund oder einem Menschen verletzt oder eingefangen wird, beginnt er mit einer Stimme zu schreien, die dem Weinen eines neugeborenen Menschenbabys sehr ähnlich ist.« Dem fügt er hinzu: »Aus diesem Grund glauben viele Sibirier, es sei eine Sünde, Hasenfleisch zu essen.«

Erst hielt ich diese Beschreibungen von den Schreien eines Hasen nach einer todbringenden Verletzung für dichterisch überzeichnet, doch ich stieß immer wieder darauf. In ihrem Gedicht *The Hare* beschreibt Mairi MacInnes, wie sie kurz vor dem Zweiten Weltkrieg bei einer samstäglichen Jagd in der Treiberlinie steht. Während sie mit den anderen durch die Graslandschaft stapft, hört sie »das Prasseln von Gewehrschüssen« und dann:

ein Schrei, wie ein Pfeil durch den Kopf.
Zwei Minuten. Noch ein Schrei und
ein einzelner Schuss.
Wir blieben stehen. Irgendjemand rief.
Ein Mann ging zurück.
»Eine Häsin«, sagte er dann.
»Das sind ihre Schreie.«

In dem Gedicht schaut Mairi auf das Ereignis zurück, während sie in einem Keller vor den Luftangriffen und der Zerstörung des Krieges Schutz sucht: »Das arme Ding, wie grauenvoll! Was hatten wir uns nur dabei gedacht?« So zieht sie eine Parallele zwischen dem schuldlosen Hasen und den Opfern eines sinnlosen Krieges.

Ein wissenschaftliches Nachschlagewerk über die Säugetiere Europas bestätigte mir, dass verwundete

Hasen tatsächlich solche Schreie ausstoßen und erläuterte, dass man sie im Fachjargon »Klagen« nennt. Ich konnte mir kaum vorstellen, dass die kleine, flauschige Gestalt neben mir zu solchen Lauten fähig wäre und hoffte, sie niemals hören zu müssen, nun, da die Tage länger wurden und der Sommer ins Land zog.

5.

Mai-Tage: die Hasen-Hexe

> … der Märzhase wird bei Weitem interessanter sein, und, da wir jetzt Mai haben, wird er nicht rasend verrückt sein – wenigstens nicht so verrückt, wie er im März war.
>
> Lewis Carroll, *Alice im Wunderland*, 1865

Der Waldboden hatte sich in ein Meer aus blauen Hasenglöckchen verwandelt und in der Ferne standen die neugeborenen Lämmer auf den Weiden wie weiße Wölkchen. Noch immer verzauberte mich der kleine Hase jeden Tag aufs Neue mit seinem ruhigen, sanften Gemüt und seinem reizenden Wesen. Seine stumpfen Krallen – kohlengrau wie glattpolierte Bleistiftminen – hinterließen auf meiner Haut nicht einen einzigen Kratzer. Niemals kämpfte er gegen mich an oder lief vor mir davon, er trat oder biss mich nicht, was anderen, die versucht hatten, Hasen zu halten, laut meiner Lektüre wohl passiert war. Ein Autor schreibt sogar, dass im Umgang mit Junghasen das Tragen dicker Handschuhe erforderlich sei. Der kleine Hase hingegen ertrug all meine ungeschickten Versuche, herauszufinden, wie ich ihn am besten füttern und pflegen konnte, mit stoischer Ruhe. Jeden einzelnen Tag bewies er, was für ein liebenswertes Geschöpf er war, außerdem zu hundert Prozent reinlich und verlässlich in seinen Gewohnheiten.

Besonders gern kroch er in enge Zwischenräume, unter Stühle oder zwischen Kissen. Wenn ich die geöffnete Bürotür an der Wand verkeilt hatte, zwängte er sich dahinter und putzte sich in dem Spalt, der so eng war, dass er sich kaum darin umdrehen konnte, zufrieden das Gesicht. Wenn ich an meinem Schreibtisch arbeitete, hockte er unter meinem Stuhl, eingeengt zwischen Fußkreuz und Rollen, und reckte seinen staubfarbenen, runden Mund zu mir hoch, sobald ich nach unten sah und unsere Blicke sich kreuzten. Wenn ich mit ausgestreckten Beinen im Garten saß, legte sich der kleine Hase, den Kopf abgewandt, auf meine Fesseln, überblickte den Garten und schien die etwas erhöhte Position zu genießen. An kälteren Tagen grub er sich mit der Nase in meinen Mantel und kroch rund um meinen Rücken herum, bis er auf der anderen Seite wieder herauskam. Oft steckte er auch die Schnauze in den Zwischenraum zwischen Arm und Körper, wahrscheinlich weil es dort dunkel und recht eng war, oder einfach nur, weil er es gerne warm hatte.

Er liebte das Sonnenbaden, wofür er sich einen geschützten Platz an der Mauer aussuchte, der in der vollen Sonne lag. In den Schatten zog er sich erst dann zurück, wenn die Hitze unerträglich wurde. Was er nicht leiden konnte, waren Hummeln, nasse Steine und Pfützen. Wenn er eine Grasfläche überquerte, schüttelte er sich in regelmäßigen Abständen die Feuchtigkeit von den Pfoten. »Erhebt sich ein Hase aus seiner Sasse, um zu seiner Weide oder zurück an seinen Platz zu laufen«, schreibt Edward von Norwich in seiner Abhandlung über die Jagd aus dem Jahr 1406, »erträgt er weder Zweig noch Gras, das ihn berührt«, und tatsächlich war der kleine Hase imstande, sich einen Weg durch den Garten zu bahnen, ohne auch nur einen Halm zu krümmen.

Zudem entwickelte er eine Faszination für Nähte – etwa jene, die seitlich an meinen Hosenbeinen verliefen. Er knabberte sich stückchenweise abwärts, indem er jedoch nie wirklich zubiss, sondern den Stoff wie ein Glätteisen fest zwischen die Zähne klemmte, bis am Ende eine erhabene Falte entstand, als wäre der Stoff gebügelt worden. Dieser Behandlung unterzog er die Ränder von Kissenbezügen, Federbetten, Kissenbesätzen, die Enden von Schnürsenkeln oder Teppichquasten. Mit allem, was herabbaumelte, verfuhr er auf die gleiche Weise – nicht spielerisch wie eine Katze, sondern mit stiller Gewissenhaftigkeit kauend. Dasselbe machte er mit Papier, das auf dem Boden lag. Mit der Zeit wuchsen mir die abgenagten Kanten sogar ans Herz, weil der kleine Hase daran seine Spur hinterlassen hatte.

Zweimal am Tag, im Morgengrauen und wenn es abends dunkel wurde, tauchte er in meinem Schlafzimmer auf, sprang auf mein Bett, preschte von einer Ecke zur anderen und trommelte mit den Vorderpfoten einen rasanten Rhythmus auf die Bettdecke. In regelmäßigen Abständen hielt er inne und sprang senkrecht in die Luft. Er drehte sich, landete in einer neuen Richtung und setzte das sanfte Trommeln mit seinen Pfoten fort, wodurch ein laut ratterndes, rollendes Kratzgeräusch entstand. Nach ein paar Minuten hörte er plötzlich auf, sprang zurück zum Treppenabsatz und huschte dann flink wie der Blitz hinunter. Keine Spur mehr von den wackeligen, unsicheren Schritten von damals, als der Hase erst eine Woche alt war.

Das Trommeln war nicht immer gleich. Manchmal war es langsam und zögerlich, etwa wenn er an kleinen Steinen kratzte oder eine Mulde in die Erde scharrte, in die er sich verkriechen konnte. Doch in den meisten Fällen trommelte er ohne Unterbrechung und voller Elan, zwischendurch schraubte er sich immer wieder mit kerzengeraden Sprüngen in die Höhe. Wenn er die Stufen hochkletterte, blieb er stets auf halber Strecke stehen und trommelte auf das mittlere der drei Kissen, die dort liegen geblieben waren, um ihm den Aufstieg zu erleichtern. Er verschwand hinter jedem hängenden Stück Stoff und klopfte mit den Pfoten darauf. Jede Oberfläche, die er interessant fand, bearbeitete er auf diese Weise, angefangen vom Deckel einer Pappschachtel, die auf dem Boden lag, bis hin zu den vielen Papieren, die in meinem Büro verstreut waren. Ganz genau werde ich es nie wissen, aber ich hatte den Eindruck, als träfe er eine bewusste Auswahl zwischen straffen, weichen oder samtigen Oberflächen, weil er die unterschiedlichen Texturen und die verschiedenen Geräusche, die sie erzeugten, mochte. Möglicherweise versuchte er sogar, mir damit etwas mitzuteilen, aber falls es so war, war ich leider nicht in der Lage, die Sprache seiner Pfoten zu entziffern. Ich hatte gelesen, dass Hasen in freier Wildbahn mit dem Trommeln ihrer Hinterpfoten kommunizieren sollen, aber das hier war etwas ganz anderes. Vielleicht trainierte der kleine Hase dadurch die Kraft und Geschicklichkeit seiner Gliedmaßen, die er später im Leben für seine Boxkämpfe mit anderen Feldhasen benötigen würde. Einmal, während ich arbeitete und draußen ein heftiger Regenguss niederging, lief der Hase die Treppen hoch und begann, im Staccato-Rhythmus auf ein Hemd zu trommeln, das ich auf dem Boden liegen gelassen hatte, im Takt mit dem Regen, der gegen die Fenster und auf das Dach prasselte.

Mittlerweile verbrachte der Hase die meiste Zeit im Garten, wo er optisch kaum wahrnehmbar mit einer Hecke oder dem hohen Gras verschmolz. Abends, wenn ich noch in der frühsommerlichen Wiese lag, kam er auf mich zugelaufen, ließ sich von mir aufheben und ins Haus tragen. Sein Fell zeigte ein wundersames Farbenspiel: ein Flickwerk aus Rostbraun, Kupfer, Kaffee- und Karamelltönen, die sich mit dem Einfall des Lichts veränderten. Das weiße Mal auf seiner Stirn war mittlerweile verblasst und hatte einem dunkleren Haarschopf Platz gemacht, was möglicherweise das Ende seiner Jugendphase markierte, auch wenn ich dazu keinerlei Informationen auftreiben konnte. In der Hoffnung, darin eine Antwort zu finden, konsultierte ich eine wissenschaftliche Studie über Hasenfelle, die, wie sich herausstellte, leider hauptsächlich auf der Untersuchung von Hasenhäuten in Museumssammlungen basierte. Meist, so schreibt der Autor der Studie, sei der Kopfabschnitt des Tieres voller Blutflecken oder fehle gleich ganz, was damit zu tun habe, dass man die Tiere durch Erschießen töte. Daraus folgerte ich, dass jeder Hinweis auf eine aufschlussreiche Parallele in der Fellmusterung dieser anderen Hasen dadurch ebenfalls zerstört wurde.

Es gab keine übereinstimmende Meinung darüber, was der weiße Fleck auf der Stirn eines Hasenjungen bedeutete. Manche Theorien besagten, dass das Jungtier männlich sei oder aus einem Wurf stamme, der aus zwei oder mehr Jungen bestand. Was ich allerdings herausfinden konnte, war, dass die langen Haare auf der Hasenstirn Tasthaare sind und gemeinsam mit den Schnurrhaaren zu ihrem Sinneswahrnehmungssystem beitragen, denn sie sind, anders, als ich angenommen hatte, in Wirklichkeit nicht nur einfach Haare, sondern Sinnesorgane, sogenannte Vibrissen, die in einem speziellen, mit zahlreichen Nervenenden ausgestatteten Haarbalg eingebettet sind und je bis zu elf Zentimeter lang werden können.

Der kleine Hase hatte eine unheimliche Gabe, unbemerkt zu verschwinden und wieder aufzutauchen, so geräuschlos bewegte er sich im Raum. Oft betrat ich ein Zimmer, suchte es nach ihm ab und war sicher, er wäre nicht da, nur um wenig später festzustellen, dass er einfach mit dem Muster des Teppichs verschmolzen war und mit locker ausgestreckten Pfoten dalag, die Muskulatur nur leicht angespannt, stets bereit, mit einem Satz zu flüchten, falls ich versehentlich auf ihn zu treten drohte. Um seine Konturen auf gemustertem Hintergrund oder in gedämpftem Licht zu erkennen, musste ich manchmal ganz bewusst neu fokussieren, ansonsten schweifte mein Blick einfach über das Tier hinweg. Entsprechend oft verlor ich ihn aus den Augen. Mehr als einmal verfiel ich in Panik, weil ich dachte, ich hätte ihn im Garten »verloren«, dabei war er nur unbemerkt an mir vorbeigeschlichen und nach oben gelaufen.

Diese Fähigkeit besaß er nicht aus Zufall. Feldhasen legen, wie ich nachgelesen hatte, gerne ein »rätselhaftes Verhalten« an den Tag, als natürliche Strategie der Camouflage, um Raubtiere fernzuhalten. Der Begriff »Camouflage« leitet sich übrigens vom französischen *camouflet* ab, dem Wort für eine Rauch erzeugende Militärmine, die in alten Zeiten dazu diente, den Feind zu verwirren – eine perfekte Metapher für die verblüffende Farbgebung im Fell von Junghasen. Sein Bauch – jenes Körperteil, das dem Boden am nächsten war – war weiß, der Rücken hingegen braun. Diese sogenannte »Konterschattierung«, von der Natur gemacht, um das Auge des Fressfeindes zu verwirren und dem Hasen etwas Extrazeit zu verschaffen, damit er im Ernstfall flüchten kann, ist eine Taktik, die von Haien für den entgegengesetzten Zweck genutzt wird: nämlich dafür, sich unbemerkt ihrer Beute zu nähern, bis es für diese zu spät ist. Die spezielle Färbung verzerrt die Schattenbildung, indem jene Teile des Körpers, die normalerweise von der Sonne erhellt würden, dunkel sind, und umgekehrt.

Während Monat um Monat im Lockdown verstrich, vertiefte ich mich immer weiter in meine Lektüre. Die Schlichtheit und Regelmäßigkeit in den Gewohnheiten des kleinen Hasen erschienen mir zunehmend im Widerspruch zu dem ambivalenten Bild zu stehen, das Literatur, Volksmund und Mythologie von Feldhasen zeichneten: In jeder Sparte wimmelte es nur so von Beispielen für das angeblich flüchtige, hektische, launische und gespenstische Verhalten von Hasen, angefangen vom arroganten und leicht abzulenkenden Hasen, der sich in Aesops Fabel von einer Schildkröte hereinlegen lässt, bis zu der Mär, dass ein Haus, durch dessen Garten ein Hase läuft, in Flammen aufgehen wird. Der Volksmund weiß auch, dass eine schwangere Frau, die einen Hasen sieht, auf der Stelle ein Stück Kleidung zerreißen muss, damit ihr Kind nicht mit einer »Hasenscharte« auf die Welt kommt. Das im Mittelenglischen verfasste Gedicht »The Names of the Hare« aus dem 13. Jahrhundert nennt siebenundsiebzig Bezeichnungen für Hasen, die bei einer Begegnung mit diesem »Menschenschreck«, diesem »Glaubensbrecher« und »Halunken« als Schutzzauber dienen und Unglück abwehren sollen:

Das Tier, das lebt im Korn,
das Tier, das weckt des Menschen Zorn,
das Tier, dessen Namen niemand auszusprechen
wagt.

Ein weitverbreiteter Glaube war, dass Hexen in Hasengestalt ihr Unwesen trieben oder die Tiere als Handlanger benutzten. Einer Frau namens Isobel Gowdie, der in der zweiten Hälfte des 17. Jahrhunderts in Schottland wegen Hexerei der Prozess gemacht wurde, wird nachgesagt, während ihrer Befragung drei Mal einen Spruch wiederholt zu haben, der sie in einen Hasen verwandeln sollte:

Ein Hase soll ich werden,
mit Kummer, Seufzen und Beschwerden;
So kann ich in des Teufels Namen,
den Weg nach Haus mir wieder bahnen.

Zu diesem Zauberspruch gab es auch ein Gegenstück, mit dem sie sich »in die Gestalt einer Frau« zurückverwandeln konnte. Mir wurde bewusst, dass ich vor gar nicht allzu langer Zeit ebenfalls Gefahr gelaufen wäre, die Hexenjäger auf den Plan zu rufen. Schließlich lebte ich mit einem Hasen unter einem Dach mitten auf dem Land. Vielleicht wäre ein Nachbar neidisch gewesen, einer Mutter die Milch sauer geworden oder ein Kind erkrankt, nachdem ich nichts ahnend den Weg dieser Menschen gekreuzt hätte. Vielleicht hätten sie jene Hexenjäger gerufen, die in Schottland als »Stupfer« bekannt waren, weil sie der Hexerei verdächtige Frauen mit einer Nadel stachen, um nach dem Mal des Teufels zu suchen.

Zu jeder dem Hasen angedichteten guten oder schlechten Eigenschaft findet sich auch das Gegenteil. Robert Burton, der im 17. Jahrhundert das Buch *Anatomy of Melancholy* verfasste, war überzeugt, Hasenfleisch – ein »… schwarzes, schwer verdauliches Fleisch« – löse Albträume aus; in den Schriften der Römer galt das Tier jedoch häufig als Symbol für Liebe, Lust und Schönheit.

Ich stieß in der Literatur auf zahllose Textstellen, die vom Verzehr von Hasenfleisch abraten, ein Tabu, das bis ins Alte Testament zurückreicht. Dort gilt der Hase als »unrein«, weil er seinen eigenen Kot frisst, ein Vorgang, den man in der Wissenschaft »Caecotrophie« nennt. Diese Unterstellung kam mir unfair vor, schließlich müssen auch Kaninchen ihre weichen, grünen Kotkügelchen wieder zu sich nehmen, um die Nährstoffe aus dem Grünfutter voll verwerten zu können, denn Gras ist aufgrund seines hohen Zellulosegehalts extrem schwer verdaulich. Beide Gattungen leiden unter Mangelernährung und können sogar sterben, wenn sie diese nährstoffreichen Ausscheidungen nicht fressen dürfen, was dem Vorgang des Wiederkäuens bei Kühen nicht allzu unähnlich ist.

Der Feldhase wird jedoch auch mit Göttlichkeit in Verbindung gebracht. In Julius Cäsars Abhandlung über den Gallischen Krieg schreibt er zum Beispiel, dass die Inselbritonen Hasenfleisch deshalb ablehnten, weil das Tier für sie heilig war. Bilder von hasenköpfigen Gottheiten zieren die Wände altägyptischer Grabstätten. Der Buddhismus kennt eine Geschichte, in der ein Hase sich für andere opfert, indem er ins Feuer springt. Verschiedene mündliche Überlieferungen aus den USA und Kanada besagen, dass Michabo, der Große Hase, eine entscheidende Rolle bei der Erschaffung der Welt und der Menschheit spielte. Die Hasenpfote galt nicht nur im Aberglauben als Glücksbringer für ihren Besitzer, sondern auch in der frühen Medizin als Heilmittel gegen Rheumatismus, während Hasenblut in der Lage sein sollte, Juckreiz oder

Ringelflechte zu heilen. Ein bestimmter Knochen im Hinterlauf des Hasen konnte, so glaubte man, Koliken und Krämpfe lindern, und der Hasenhaut sagte man nach, verbrannt und zu Pulver vermahlen, Blutungen stillen zu können. Selbst jene, die den Hasen im Rahmen wissenschaftlicher Studien untersuchten, waren nicht davor gefeit, das Tier mit Mythen und Dämonen in Verbindung zu bringen. Im 17. Jahrhundert schrieb etwa der Arzt und Gelehrte Sir Thomas Browne, dass es wohl niemanden jenseits der sechzig kalt ließe, wenn vor ihm ein Hase die Straße kreuzt, sei er doch ein »Vorbote des Schreckens«.

Selbst das Geschlecht von Hasen war schon seit dem Altertum ein Rätsel, um das sich zahlreiche Hypothesen und Fantasien rankten. Plinius der Ältere zum Beispiel vertrat die Theorie, dass Hasen Hermaphroditen seien. Claudius Aelianus, oder Aelian, schrieb, dass »auch männliche Hasen gebären und ebenso Kinder zeugen und zur Welt bringen« könnten, und Edward von Norwich behauptete, der Hase sei »einmal männlich und das nächste Mal weiblich«. Browne beschreibt diesen Übergang vom Weiblichen zum Männlichen – ganz im Einklang mit den Vorurteilen seiner Zeit – als Verwandlung »von der Fehlbarkeit zur Perfektion«. Dieser Irrglaube ist möglicherweise durch das Fehlen eines Sexualdimorphismus beim Hasen zu erklären: Tatsächlich bestehen keine klar erkennbaren Unterschiede in Größe oder Erscheinungsbild zwischen männlichen und weiblichen Hasen, anders als beim Menschen, bei Pavianen, Löwen, Pfauen oder etwa dem Rehwild und den Fasanen, die das englische Landschaftsbild prägen. Dieselbe Eigenschaft findet sich jedoch auch bei vielen anderen Tieren, daher kann es kaum als Erklärung gelten, warum ausgerechnet Hasen diesen Ruf erworben haben.

In meinem Freundeskreis herrschte ein eifriges Rätselraten darüber, ob der kleine Hase nun ein Männchen oder ein Weibchen sei. Für beide Optionen gab es todsichere Argumente. Natürlich wollte ich es auch gerne wissen, aber die Vorstellung, den Hasen dieser unwürdigen Untersuchung zu unterziehen, war mir unangenehm. Ich wollte ihn keinesfalls ängstigen, und wenn sogar Jäger oder Wissenschaftler trächtige Hasen mit männlichen Tieren verwechselt hatten, würde es mir mit Sicherheit auch schwerfallen, die Frage abschließend zu klären. Es gibt Studien, die zu dem Schluss kommen, dass Häsinnen im Durchschnitt größer seien als männliche Hasen, andere hingegen behaupten das Gegenteil, was für mich jedoch ohne Belang war, weil ich ohnehin keinen zweiten Hasen als Vergleichsobjekt hatte. Einmal hatte ich jedoch an seiner Unterseite einen schnellen Blick auf eine Zitze erhascht, vielleicht war es also doch ein Weibchen.

Interessanterweise hat sich ausgerechnet eine der wildesten Geschichten über Hasen als wahr entpuppt. Vor über 2000 Jahren berichtete Herodot, der Hase werde »als Einziges von allen Lebewesen doppelt trächtig«, von seinen Jungen werde »eines … gerade in der Gebärmutter gebildet, wieder ein anders gerade empfangen.« Aristoteles behauptete in seiner *Historia Animalium*, dass Hasen »zu jeder Jahreszeit« sich paaren und ihre Jungen gebären könnten; auch würden sie »während der Trächtigkeit noch befruchtet ..., aber nicht alle Jungen auf einmal, sondern in Zwischenräumen von einigen Tagen« werfen. Das Phänomen, das beide Autoren hier zu beschreiben versuchen, nennt sich »Superfetation« und bedeutet, dass Hasen in der Lage sind, zwei Würfe gleichzeitig auszutragen, ein Faktum, das zusätzlich zur Mystifizierung des Hasen und seiner Reputation als besonders fruchtbares Tier beitrug. Und auch in dieser außergewöhnlichen Eigenschaft unterscheidet sich der Feldhase vom Kaninchen. Vermutlich waren es Jäger, die diese Superbefruchtung bei Hasen als erste entdeckten. Sehr wahrscheinlich ist auch, dass dieses Merkmal dazu beigetragen hat, dass der Hase als promiskuitives Tier gilt. »Hasen sind äußerst lüstern, ganz besonders die Weibchen«, schrieb A. A. Cherkassov im 19. Jahrhundert in seinem Buch über die Jagd in Sibirien.

Von der Vorstellung des Hasen als Gestaltwandler ohne festes Geschlecht, mit ungezügelter Lust und grenzenloser Fruchtbarkeit ist es nicht weit zu seiner Gleichsetzung mit Wankelmut und Niedertracht – wie ein mittelalterliches Tierbuch, auch Bestiarium genannt, beweist. Dort schreibt der Verfasser über den Feldhasen: »Mit diesem Tier werden Menschen verglichen, die unstet sind oder ein liederliches Leben führen, die weder Mann noch Frau sind, weder treu noch betrügerisch, weder kalt noch warm, und zweifellos jene, von denen Jakobus [1:8] sagte: ein Mann mit zwei Seelen, unbeständig auf all seinen Wegen.«

Die Mythen und Legenden, die sich um Hasen ranken, verwirrten mich, weil sie auf zwei Extreme hinausliefen: Auf der einen Seite stand der Hase als Symbol der Tugend, der Erneuerung und Selbstaufopferung, auf der anderen hingegen als Hexengefährte und Vorbote von Tod, Rache und Unheil. Wie konnte dasselbe Lebewesen nur gleichzeitig heilig und heidnisch, keusch und promiskuitiv, Glück und Unglück bringend sein? Ein Sinnbild der Selbstaufgabe und eine Hexe in Tierform? Die Verkörperung von Dummheit und geistiger Umnachtung einerseits und Weisheit auf der anderen? Auch Kaninchen vermehren sich produktiv, sie werden jedoch nie mit Hexerei oder übernatürlichen Kräften in Verbindung gebracht.

Wenn ich meinen kleinen Hasen so beobachtete, kamen mir viele Gründe in den Sinn, warum sich Hasen so viele negative Gerüchte eingehandelt haben: Sie sind überwiegend nachtaktiv und werden wie viele andere Geschöpfe der Nacht – wie zum Beispiel Katzen – traditionell mit den dunklen Künsten der Hexerei assoziiert. Sie können auf ihren Hinterbeinen stehen und senkrecht in die Luft springen, was, zumindest aus der Ferne, den Eindruck erwecken könnte, sie würden aufrecht gehen. Ihr stilles Verhalten, ihre Wachsamkeit und ihr ausgezeichnetes Gehör, gepaart mit ihrer unheimlichen Geschwindigkeit und der Fähigkeit, Jägern zu entkommen, verleihen ihnen einen Anschein von Übernatürlichkeit. Sie sind stille Tiere, klagen jedoch laut, bevor sie einer Verletzung erliegen, was an die Alraunenwurzel erinnert, die volkstümlichen Legenden zufolge von Geistern bewohnt wird und schreit, wenn man sie aus der Erde reißt. Hasen leben wild, jedoch oft in landwirtschaftlichen Gebieten in nächster Nähe zum Menschen, wodurch sie uns zwar vertraut sind, aber gleichzeitig ein Rätsel bleiben. Sie haben lange Beine, sind schön, elegant und sinnlich – besitzen in einem Wort verschiedene »weibliche« Attribute, daher ist es vielleicht keine große Überraschung, dass ihnen Klischees auferlegt wurden, die hartnäckig über Kulturen und Zeitalter hinweg den Frauen nachgesagt worden sind.

So hat am Ende die Reputation des Hasen, so meine Schlussfolgerung, vielleicht weniger mit dem Tier selbst zu tun, als mit unserem eigenen zwiespältigen Wesen und unserer Angewohnheit, alles zu verfolgen, was wir nicht verstehen. Das Wort »Hase« ist verwandt mit dem englischen *hare* und kann auf das altenglische *hara* für »grau« zurückgeführt werden; vielleicht eine treffende Bezeichnung für ein Tier, das sich immer noch jeder Definition entzieht. In meinen Augen war das Hasenjunge jedoch immer noch viel zu klein, um die Last von so viel Geschichte, Aberglauben und Erwartungshaltung zu tragen, also beschloss ich, es einfach nur Hase sein zu lassen.

6.
Unabhängigkeit

Ist ein Hase an einem Ort geboren und ihn gewöhnt … wird er tagein tagaus dieselben Wege nehmen, in denselben Revieren herumstreifen und durch dieselben Schlupflöcher kriechen.

George Gascoigne, *The Noble Art of Venery or Hunting*, 1575

Ich hatte bisher wenig Mühe in die Anlage eines Gartens rund um mein Haus investiert. Doch da ich viel Zeit draußen verbrachte, um den Hasen zu beobachten, sah ich den Ort mittlerweile in einem neuen Licht. Außer einer Handvoll junger Obstbäume wuchs darin wenig. Sobald ich also etwas Zeit übrighatte, stürzte ich mich in die Gartenarbeit, legte ein großes Blumenbeet an, das sich im Halbrund um eine Seite des Hauses zog, und bepflanzte es, ohne einen konkreten Plan, mit einer Mischung aus immergrünen Sträuchern, Bodendeckern, Rosen und anderen Blumen, die ich weitgehend zufällig auswählte. Besuche im Gartencenter laugten mich binnen kurzer Zeit völlig aus, spätestens wenn ich mich dieser verwirrenden Vielfalt an Pflanzen gegenübersah, die allesamt hohe Anforderungen an den Boden stellten und einen sonnigen, geschützten Standort erforderten, alles Dinge, die in meinem windgepeitschten Garten mit seiner feuchten, tonigen Erde nur spärlich zur Verfügung standen. Doch ich ließ mich nicht beirren und verwandelte das kahle, erst nicht sehr vielversprechende Beet nach und nach in eine wild verworrene Farbexplosion. Ich war stolz auf das Ergebnis, auch wenn es hier und da nicht perfekt war. Einen Preis würde ich damit nicht gewinnen, aber ich hatte es immerhin selbst gemacht.

Aus diesem Grund war ich einigermaßen entrüstet, als ich an einem Sommermorgen feststellen musste, dass der kleine Hase eine junge, immergrüne Pflanze, die noch nicht einmal kniehoch gewachsen war, an der Unterseite angeknabbert und die Zweige so gekappt hatte, dass ein halbschattiges Blätterdach entstanden war. Darunter hatte er sich eine sanfte Mulde in die Erde gegraben, in der er nun lag und die Morgensonne in sich aufsaugte, mit freiem Blick auf mein Bürofenster. Bei näherer Betrachtung hätte es vielleicht sogar ein Grund zur Freude sein können, dass ich ihm unbewusst einen angenehmen Rastplatz geschaffen hatte, in dessen Umgebung er – wie in der freien Natur auch – Schutz und Sicherheit fand. Stattdessen betrachtete ich die ganze Sache aus dem egoistischen Blickwinkel eines Eigentürmers: all die Zeit und das Geld, die ich investiert hatte, und die Sorge, dass der Hase »meinen Baum« umbringen würde. Daher eilte ich etwas später am selben Tag mit Gartenhandschuhen, Bambusstöcken und einer Rolle Hasendraht bewaffnet hinaus, und bastelte einen krummen Zaun rund um die Pflanze, die in der Mitte meines Blumenbeetes stand. Als alles fertig war, klopfte ich mir demonstrativ die Erde von den Händen, überzeugt, das Problem gelöst zu haben.

Am nächsten Tag fand ich den Hasen schlafend innerhalb meiner improvisierten Umzäunung vor, mit dem Körper an den schlanken Stamm des Strauches geschmiegt und mit der Nase an der rundum verlaufenden Drahtabsperrung, an deren Schnittstelle er wohl einen Weg ins Innere gefunden hatte. Mein ungelenker Versuch, den Zugang zu der Pflanze zu unterbinden, hatte den Hasen entweder in keiner Weise abgeschreckt oder gar sein Gefühl von Sicherheit noch verstärkt. Er schlummerte genüsslich unter dem mageren Blätterschirm, die Augenlider zum Schutz vor der Sonne geschlossen. Von diesem Augenblick an war die Sache abgehakt, und ich versuchte nie wieder, mich in die Entscheidungen des Hasen einzumischen. Durch die Reibung seines Körpers hielt der Hase den Boden unter dem Stauch so sauber, als hätte man ihn mit einer Bürste geschrubbt. Mit den Zähnen rupfte er Unkräuter aus und schaffte kleine Steine aus dem Weg, und wider Erwarten starb der Strauch nicht ab, sondern wuchs langsam weiter, stets in der Form verbleibend, die der kleine Hase ihm in jenen frühen Tagen gegeben hatte.

In dieser engen Sasse schlief der kleine Hase den ganzen Sommer lang, es sei denn, der Wind drehte von Nordost auf Südwest, dann legte er sich in einer Kuhle zwischen den schlanken Obstbäumen zur Ruhe. Auf seinem Weg dorthin hinterließ er lediglich eine lange, schmale Spur niedergetretener Grashalme und Stängel, doch nicht einen einzigen Köttel. Jeden seiner Schlafplätze hatte er durch die sanften Bewegungen seines Körpers zu einer flachen Mulde geformt und jeden hielt er makellos sauber – ganz anders, als man es von Kaninchenbauten kennt, die rundum voller Kaninchenkot sind. Ich überlegte, ob die Reinlichkeit des Hasen in meinem Haus wohl damit zusammenhing, dass er es als Verlängerung seiner Sasse betrachtete und es daher nicht beschmutzen wollte. Der kleine Hase wechselte mit solcher Regelmäßigkeit zwischen seinen Lieblingsplätzen, dass ich bald mit großer Wahrscheinlichkeit vorhersagen konnte, wo im Garten er sich gerade aufhielt.

Der Naturschützer, den ich am Anfang kontaktiert hatte, erzählte mir einmal von einem Trick, den man früher angewandt hatte, um Füchse zu schießen: Dazu banden die Jäger einen toten Hasen an ein Stück Schnur, an dem eine Uhr angebracht war. Wenn der Fuchs dann kam, um sich den Hasen zu holen, zog er die Batterie heraus und die Zeiger blieben stehen. So wussten die Jäger genau, um welche Zeit der Fuchs am nächsten Tag zurückkehren würde. Ich hätte nicht im Traum gedacht, dass wilde Tiere in ihren Gewohnheiten so berechenbar sein könnten. Früher bemerkte ich vielleicht im Vorübergehen ein Flattern und sah, dass da »ein Vogel« im Garten war. Ich hätte aber nie vermutet, dass es vielleicht immer derselbe Vogel war, der stets zur selben Zeit dieselben Dinge tat, jeden Tag aufs Neue. Da fühlte ich plötzlich eine ungeahnte, viel intensivere Verbindung zu der Tierwelt, die mich umgab, und fragte mich, wie viel vom Wesen der Tiere an uns vorübergeht, weil wir in unserer Wahrnehmung und Beobachtungsgabe so beschränkt sind.

Auch wenn der Hase keinen Laut von sich gab, waren seine Bewegungen doch äußerst vielsagend. Die Haltung seiner Ohren zum Beispiel veränderte sich mit dem Wetter und der Umgebung. An einem windigen Tag, wenn er schlief oder sich versteckte, legte der Hase die Ohren flach auf den Rücken. Wenn er entspannt war, etwa wenn er im Haus auf seinem Kissen lag, spreizte er die Ohren bis über die Schultern auseinander. Doch kaum erregte etwas seine Aufmerksamkeit, stellte er eines oder beide Ohren in die entsprechende Richtung, die schwarze Zeichnung darauf signalisierte Gefahr oder erhöhte Alarmbereitschaft. Beim Fressen hingegen schwenkten seine Ohren mal hierhin, mal dahin und überwachten die Umgebungsgeräusche, während er fleißig weiterkaute. Wenn er flach auf dem Bauch in der Sonne lag, streckte er die Löffel oft aufrecht in die Luft, als wollte er damit seine heruntergefahrene Alarmbereitschaft kompensieren. Fiel das Licht durch die feste, aber biegsame Haut der Ohren, war das Geflecht aus drei Hauptvenen und zahllosen feineren Nebenkapillaren, das bis hinunter zum Ohrenansatz reichte, klar zu erkennen. Selbst mit geschlossenen Augen war der Hase sichtlich wachsam und verließ sich darauf, dass sein ausgeprägter Geruchssinn und sein ausgezeichnetes Gehör ihn warnen würden, sobald Gefahr nahte.

Der kleine Hase bevorzugte freie Sicht, erhöhte Positionen und einen größeren Gegenstand neben sich, entweder um seine Konturen zu verwischen oder um dort Schutz zu suchen. Ehe er sich hinlegte, schmiegte er sich mit dem Rücken an die entsprechende feste Oberfläche – eine Wand im Haus oder ein Baumstamm im Garten – schnippte noch einmal die Vorderpfoten in die Luft, um echten oder imaginären Schmutz abzuschütteln, und hob dann den Oberkörper an, um die Pfoten unter dem Bauch zu verstauen, bis sie ganz darunter verschwunden waren. Wenn dann nur noch die Spitzen der langen Hinterläufe unter seinem Brustfell hervorguckten, war er nicht mehr größer als ein kleiner, ovaler Laib Brot. So schlummerte er, nur wenige Meter vom Schreibtisch entfernt, am Eingang zu meinem Büro und leistete mir Gesellschaft bei der Arbeit.

Stunden verstrichen, und der kleine Hase wurde immer länger, je tiefer er schlief. Im Zustand völliger Entspannung hatte er den Kopf nach vorne ausgestreckt, wobei die Stirn auf dem Boden ruhte und der Hals auf den überkreuzten Vorderpfoten lag, während sein Kiefer kleine Bewegungen machte, als würde er wiederkäuen. Manchmal drehte er sich sogar ganz zur Seite und streckte die langen Beine so weit nach hinten, dass man die pelzigen Fußsohlen und den dunklen Streifen auf seinem Schwanz sehen konnte, der mittlerweile von Rußgrau zu Tintenschwarz gewechselt hatte.

Ich musste lachen, als ich den kleinen Hasen das erste Mal gähnen sah. (Erst danach stellte ich fest, dass er es mehrmals am Tag tat, manchmal im Liegen, manchmal im Sitzen.) Dabei riss er den Mund weit auf, streckte die hellrosa Zunge durch die Zähne heraus und kniff, sei es durch die Anstrengung oder die Hingabe an diesen Moment, fest die Augen zu. Es heißt, Hasen entspannen sich nie und schließen nur ganz selten die Augen. Doch meine Erfahrung hatte mir gezeigt, dass Hasen sich so gemütlich räkeln können wie jedes andere zufriedene Tier, wenn sie sich sicher fühlen.

Nachdem er ausreichend geruht hatte, erhob der kleine Hase sich und machte seinen Körper rund, als zöge ihn jemand an einer Schnur von der Mitte seines Rückens in die Höhe. Dabei balancierte er auf den Zehenspitzen und hielt den Rücken stramm gespannt wie einen voll ausgezogenen Bogen. Oder er saß auf dem Hinterteil, die Vorderpfoten auf dem Boden abgestützt, und streckte jeweils einen seiner langen Hinterläufe zwischen die Vorderpfoten hindurch nach vorne, als wollte er die hintere Oberschenkelmuskulatur stretchen. Gleichzeitig neigte er den Kopf Richtung Boden, zum Lockern des Nackens. Als er schon etwas größer war, konnte er auf dem Po sitzen und mit den Vorder- und Hinterläufen ein perfekt gleichschenkliges Dreieck bilden, indem er die Hinterläufe bis vorne an die Pfotenspitzen streckte, den Kopf aufrichtete und die Ohren ausgestreckt nach hinten klappte.

An nassen Tagen dauerte es eine ganze Weile, bis der kleine Hase sich trockengeleckt hatte und ausruhen konnte. Wenn er nach einem Regenguss das Haus betrat, wirbelte er auf den Hinterpfoten stehend herum und sprang in alle Richtungen, um die Wassertropfen von seinen Pfoten zu schleudern. Und wenn er vor Nässe regelrecht triefte, stellte er sich auf die Hinterbeine und schüttelte sich in einer halben Drehung nach rechts und links, jedoch so blitzschnell, dass man nur noch das Bild eines verschwommenen Hasen und die schlammigen Wassertropfen sah, die quer durch das Zimmer und an die hell gestrichene Wand flogen, die bald bis auf Hasenhöhe mit dunklen Flecken besprenkelt war.

Jede seiner schlanken Vorderpfoten wurde sorgfältig saubergeleckt: zuerst die bräunlichen Sohlen, dann das feine Haar an der Oberseite und an der Spitze, wobei er alle verfilzten Stellen akribisch mit den Zähnen herauszupfte. Als nächstes schrubbte er sich die samtige Stirn, die Nase und die Schnauze, indem beide Vorderpfoten unisono mindestens fünf Mal über das Fell strichen, ähnlich wie Katzen, die sich das Gesicht putzen. Wenn das erledigt war, formte er die Vorderpfoten zu einem Becher und leckte sie ab, bevor er sich damit gegen den Strich, also vom Ohrenansatz bis vorne an die Nase, durchs Fell fuhr. Mit geschlossenen Augen wiederholte er den Vorgang, indem er sich die Pfoten immer wieder nass machte.

Danach wandte er sich den Ohren zu: Mit der Vorderpfote zog er sich ein Ohr herunter und presste es so fest an den Mund, dass er es an der Innenseite mit der Zunge saubermachen konnte. Wenn er dann losließ, sprang das Ohr nicht sofort wieder nach oben, sondern baumelte eine Zeitlang herab, bis der kleine Hase beschloss, es wieder aufzuklappen. Auf dem Hinterteil balancierend leckte er energisch sein Schulterfell und streckte sich dabei Richtung Flanke und Schwanz, so weit er konnte – die Ohren lagen am Körper an, um seine Konturen kleiner zu machen –, bevor er sich mit derselben streichenden Kopfbewegung der Reinigung von Rücken und Hinterteil widmete. Anschließend sprang er mit einem Satz auf alle viere und hob eine Hinterpfote, um sich ausgiebig in beiden Ohren zu kratzen. Dabei kniff er sicherheitshalber das entsprechende Auge halb zu, da die Krallen ihm gefährlich nahekamen. Daraufhin ließ er sich wieder auf dem Po nieder, spreizte die haarigen Zehen der Hinterläufe auseinander wie einen Baseballhandschuh und begann, die Zwischenräume sauberzumachen. Bei voller Ausbreitung der Zehen war die Rundung seiner Fußsohle so groß, dass die gesamte, recht breite Schnauze des kleinen Hasen gemütlich darin Platz fand.

Die Hingabe, mit der sich der kleine Hase diesem Ritual widmete, unterstrich die Bedeutung, die Ohren, Augen und Gliedmaßen für einen Hasen haben, um Krankheiten vorzubeugen und in tadelloser Form zu bleiben. Nur so können sie Räubern entkommen. Aufgrund ihrer Reinlichkeit, Unabhängigkeit und Nachtaktivität drängt sich der Gedanke auf, Feldhasen hätten eine Ähnlichkeit mit Katzen. Doch der Hase ist ein wild lebendes Tier, während die Katze über Tausende von Jahren gezähmt, wenn auch nicht vollständig domestiziert worden ist. Zudem sind Katzen Raubtiere, während Hasen zu den Beutetieren gehören. So leben sie an entgegengesetzten Enden der Nahrungskette.

Katzen ziehen ihr Selbstvertrauen aus der Schärfe ihrer Krallen und genießen ihren angestammten Platz in der Sicherheit menschlicher Zuneigung. Katzen müssen sich üblicherweise nicht darum sorgen, auf den Tellern der Menschen zu landen, ganz anders als der Hase, dem seit Urzeiten die Angst des Gejagten tief in den Knochen steckt. Katzen müssen lediglich größere Raubtiere fürchten. Zwar werden sie, auch in der Wildnis, mit geschlossenen Augen geboren, wissen sich jedoch im Schutz des mütterlichen Körpers in Sicherheit, während Hasenjunge gezwungen sind, auf die eigenen Sinne zu vertrauen, wenn sie mit offenen Augen in eine Welt der Gefahren hineingeboren werden.

Hauskatzen wurden so gezüchtet und selektiert, wie es dem Geschmack des Menschen entspricht: Sie sollen süß sein, oder blauäugig, vielleicht struppiges Fell haben, sich für Menschen mit Allergien eignen oder für ein Leben gemacht sein, das sich ausschließlich in Innenräumen abspielt. Ein Feldhase hingegen trägt immer noch den Fellmantel, den die Natur für ihn geschaffen hat. Auch hatte ich den Eindruck, dass der kleine Hase in seiner Reinlichkeit noch einen Schritt weiterging als jede Katze, die ich kannte, denn er brauchte niemals eine Katzentoilette, um das Haus von Hinterlassenschaften sauber zu halten.

Katzen geben ihre Unabhängigkeit auf, wenn es ihnen gerade passt, schmiegen sich an Menschenbeine, schlafen in Menschenbetten, lassen sich kraulen und herumtragen. Ein Hase würde sich niemals nach einer Streicheleinheit strecken oder sich zum Schlafen in einem Menschenschoß zusammenrollen. Er peitscht nicht mit dem Schwanz, schnurrt, faucht und schreit nicht. Die Geräusche, die der Hase von sich gibt, sind so leise, dass man nur aus unmittelbarer Nähe den Flüsterton dieses seltenen, hauchzarten Rufes wahrnehmen kann.

Das alles machte die immense Unabhängigkeit des kleinen Hasen für mich umso faszinierender. Es gab kaum passende Worte, um sein Verhalten zu beschreiben. Zahm war er jedenfalls nicht, dennoch machte er in meinem Fall einzelne Ausnahmen. Die Tatsache, dass sich der kleine Hase in meiner Gegenwart sicher fühlte, empfand ich wie eine stillschweigende Anerkennung der Wildnis, was mir das gute Gefühl gab, in meiner direkten Umwelt akzeptiert zu sein, so als lebte ich in friedlichem Einklang mit der Natur.

Mit der Zeit nahm ich immer größere Mühen in Kauf, um den Hasen nicht zu stören, wenn er im Haus schlief. Es wäre nicht das Ende der Welt gewesen, ihn aufzuwecken, doch der Anblick eines am Fuße der Treppe schlafenden Hasen war so faszinierend und absurd zugleich, dass es mir nicht schwerfiel, darauf Rücksicht zu nehmen. Wenn ich am Morgen zu lange schlief, lag er schon im Türrahmen am unteren Ende der Treppe und ich stieg auf Zehenspitzen über ihn. Oft musste ich komplizierte Umwege durchs Haus nehmen, um ihn nicht zu wecken, meistens, natürlich, wenn ich ohnehin schon zu spät dran war für eine Videokonferenz oder einen anderen Termin. Gelegentlich nahm ich meine Kleider gleich mit nach unten, um zu duschen und mich anzuziehen, bevor er seinen Platz an der Treppe einnahm, oder ging über den Garten vom Büro in die Küche, selbst im strömenden Regen, um ihn nicht aufzuschrecken. Ich stellte fest, dass mich diese Umstände überhaupt nicht störten, im Gegenteil: Ich freute mich über einen Grund, meine Gewohnheiten zu ändern.

Die Wege des kleinen Hasen beeinflussten mich auch auf andere, hintergründigere Weise. Während sein Blick nun immer weiter in die Ferne schweifte, tat ich es ihm gleich und ließ meinen Geist – und immer öfter auch meine Beine – nach draußen wandern. Nun, im Alter von fast vier Monaten, stieg das Interesse des Hasen an anderen Lebewesen im Garten und in der Welt dahinter merklich an. Ich sah, wie er die Hasen hinter dem Zaun beobachtete und mit ihnen Kontakt aufnahm. Manchmal standen die Hasen beiderseits des Zauns auf den Hinterbeinen und berührten einander mit den Pfoten durch die Maschen des Drahtgeflechts. Sie schnüffelten in die Luft, bis sich, nur eine Sekunde lang, ihre Nasen näherten, und einer der beiden davonsprang. Danach lief der kleine Hase noch eine Weile auf und ab, bevor er ins Haus zurückkehrte und sich der Länge nach in die Türöffnung legte.

Mittlerweile wirkte er älter auf mich, und wilder,

auch wenn er gleichzeitig deutlicher auf meine Stimme und meinen Ruf reagierte als zuvor. Er schien sich in meiner Gegenwart wohlzufühlen. Draußen im Garten begann er, den Fasanen nachzustellen, anfangs ganz vorsichtig, doch zunehmend mit einer gewissen Begeisterung, was in mir die Sorge weckte, er könnte möglicherweise die Gesellschaft anderer Tiere vermissen. Eines Nachmittags im Sommer fand ich ihn schlafend in einer Mulde vor, die er sich unmittelbar neben einem Nest mit Fasaneneiern ins hohe Gras gebaut hatte. Erst als das Nest geplündert und sein Inhalt verspeist worden war, gab er dieses spezielle Versteck wieder auf, sehr zu meiner Beruhigung, wenn man bedenkt, was mit den ungeborenen Küken passiert war.

Ich interessierte mich mehr denn je für die Hasen draußen in der Natur und bemerkte verschiedenste Variationen in der Fellfarbe: Einige Hasen waren wesentlich dunkler als andere. Nach und nach lernte ich, ihre Gesichter auseinanderzuhalten, erkannte spezielle Muster auf einer Stirn oder rund um die Augen, die entweder ein individuelles Merkmal waren oder, was wahrscheinlicher war, das Resultat unterschiedlicher Stadien des Fellwechsels. Wenn die Hasen es mit Kaninchen zu tun bekamen, selbst relativ klein gewachsenen, wichen sie unweigerlich zurück und suchten das Weite. Angesichts der vielen Zeit, die der kleine Hase in seine Körperpflege investierte, ging ich davon aus, dass die Berge an Erde und Kot, die Kaninchen hinterließen – die Spuren ihrer unterirdischen

Grabearbeiten – allen Hasen Unbehagen verursachen mussten, und wohl auch die Hinterlassenschaften von Schafen und Kühen.

Ich spürte eine nie gekannte Nähe zur Natur, und obwohl sie im Grunde das Normalste der Welt hätte sein sollen, fühlte sie sich für mich wundervoll an. Dieses Gefühl mochte so alt wie die Menschheit selbst sein, für mich war es jedoch völlig neu. Über viele Jahre hinweg waren die Jahreszeiten einfach so an mir vorübergezogen, meine Wahrnehmung der Naturzyklen war verzerrt von Fernreisen und dem Leben in der Stadt. Ich hatte die Natur nur in groben Pinselstrichen, in Primärfarben, auf ganz oberflächlicher Ebene wahrgenommen. Was mich daran am meisten interessierte, war lediglich, ob es trocken genug war, um zu Fuß zu gehen oder warm genug, um mit Freunden im Freien zu essen. Die Vögel und Bäume, die ich erkannte, konnte ich an einer Hand abzählen. Ich sah nicht, wie sich Blütenknospen öffneten, Zugvögel vorbeiflogen und sich in einem einzelnen Feld oder im Wald die unverrückbaren Rituale und Rhythmen des Lebens abspielten. Nun bestaunte ich den blauen Schimmer im schwarzen Gefieder einer Mehlschwalbe – dem wohl klügsten Tier, das mir jemals untergekommen war –, als sie eines Morgens bei mir ins Haus geflogen kam. Ich fing sie so vorsichtig wie möglich ein, damit sie nicht gegen die Fensterscheibe flog und sich tödlich verletzte, und hielt sie einen kurzen Augenblick fest, um den Sonnenstrahl auf der spiegelnden Oberfläche ihres Gefieders zu bewundern, ehe ich sie draußen wieder freiließ.

Diese wachsende Sensibilität hatte auch ein gesteigertes Bewusstsein für die Gefahren zur Folge, die auf den kleinen Hasen lauerten, manche davon waren echt, andere nur in meinem Kopf. Als er zum ersten Mal während eines Gewitters draußen im Garten war, lief ich hinaus, um ihn aus seiner Sasse im Gras zu holen, steckte ihn in meine Fleecejacke und rannte durch den prasselnden Regen zurück ins Haus. Er wehrte sich nicht, als ich ihn aufhob, doch ich meinte, in seinen Augen eine gewisse Verwunderung zu erkennen, als ich ihn drinnen auf seinem Kissen auf dem Fensterbrett absetzte. Sein Fell, das die Farbe von Zuckerrohrmelasse angenommen hatte, war völlig durchnässt und klebte ihm so schwer auf dem Rücken, dass er mich an einen nassen Otter erinnerte. Da wurde mir klar, warum der kleine Hase heller aussah als seine wilden Verwandten, eine Frage, die mich schon des Längeren beschäftigt hatte. Die Lösung: Die Hasen draußen waren schlicht und einfach nasser, weil sie durch den Morgentau streiften oder in sommerliche Regenschauer gerieten.

Einmal sorgte ein Hütehund, der frei auf dem Feld in der Nähe der Hecke herumlief, dafür, dass der Hase und ich beide losrannten: Er in den Schutz der Hecke und ich zu ihm hin, weil ich besorgt war, dass der Hund das junge Tier gesehen haben und im Jagdfieber die Mauer überspringen könnte, um es zu schnappen. Für mich war es ein beruhigender Gedanke, dass der kleine Hase hinter der Gartenmauer verhältnismäßig sicher war, doch es gab eine Gruppe von Räubern, die sich um solch dürftige, menschengemachte Barrieren nicht scherte. Immer wenn ich Bussarde am Himmel über dem Haus kreisen sah, während der kleine Hase im Garten lag, machte ich mich eilig auf den Weg nach draußen, denn ich glaubte, dass diese Mörder ihn jeden Moment mit ihren »Adleraugen« erblicken mussten und aus ihrem trägen Gleiten in einen plötzlichen Sturzflug übergehen würden, um ihre Beute zu schnappen. Einmal, als ich zu spät zur Stelle war, zuckte der kleine Hase erschrocken zurück und drückte sich noch fester an den Boden, als die Silhouette der Flügel über seinen Kopf und das rundum wachsende Gras hinwegfegte. Ich wusste, dass der Hase in der Lage war, seine ganze Umgebung zu überblicken, auch den Himmel über ihm, war aber dennoch besorgt, dass seine natürlichen Instinkte durch die Nähe zum Menschen ein wenig abgestumpft sein könnten.

Mäusebussarde waren mir zuvor nur wegen ihres schrillen, einsamen Rufs aufgefallen. Nun, da ich sie als Gefahr für den kleinen Hasen wahrnahm, studierte ich sie zum ersten Mal eingehender, wie sie über mir durch die Luft schwebten, am Himmel gemächliche Kreise zogen oder mit kaum merklichen Bewegungen ihrer kraftvollen Flügel über ein Feld hinwegsegelten. Wenn ich nach oben blickte, waren ganz vorne an den

Schwingen, die eine Spannweite von bis zu 120 Zentimeter erreichen können, deutlich die prunkvollen Schwungfedern zu erkennen, dahinter die in Zacken angeordneten, fast durchscheinenden Federn mit abwechselnd brauner und weißer Bänderung und das gestreifte Schwanzgefieder, das den Vögeln als Steuer dient. Mäusebussarde segeln stundenlang über ihrem Jagdrevier durch die Luft, suchen den Boden nach Feldmäusen, Ratten, jungen Hasen, Fröschen, Maulwürfen oder kleinen Vögeln ab und stürzen dann plötzlich hinab, um ihre Opfer aufzuspießen. Zum ersten Mal verstand ich, wie hart diese und andere Greifvögel für ihr Futter arbeiten müssen. Turmfalken zum Beispiel jagen bei starkem Wind in Bodennähe und stemmen sich mit kolibrigleichen Bewegungen ihrer kantigen Flügel so fest gegen den Wind, dass es scheint, als wären sie an der Erde festgebunden, während sie das Gras nach Mäusen, Wühlmäusen und Kaninchen absuchen.

In ruhigen Nächten vernahm ich oft ein Kratzen oder dumpfes Klopfen auf den Dachziegeln über meinem Kopf und fragte mich, welcher Vogel wohl dafür verantwortlich sein könnte. Ich stellte mir vor, wie eine Eule eine Maus umklammert hielt und versuchte, sie besser zwischen den Krallen zu fassen zu bekommen, um die frische Beute anschließend auf den Steinplatten des Dachgiebels weichzuklopfen, ehe sie den leckeren Happen in Stücke riss. Am Ende würde sie dann mit dem Schnabel seelenruhig ihr Gefieder ordnen, einen markerschütternden, langgezogenen Laut ausstoßen und davonschweben. Die Überreste winziger Knochen und Fellstücke, die ich am nächsten Tag auf dem Boden fand, untermauerten meine These. Sie waren die einzigen Beweisstücke dieser nächtlichen Festmahle, und galten mir als besorgniserregende Warnung, dass auch der kleine Hase vor diesen blassen Krallen nicht sicher war.

Meine Erleichterung darüber, dass der kleine Hase nach wie vor drinnen schlief, geschützt vor nachtaktiven Jägern, löste sich eines Abends im Juni in Luft auf, als es schon dunkel wurde und er noch immer nicht zu Hause war. Ich ging hinaus, um ihn zu suchen und fand ihn unter einem Pflaumenbaum, wo er es sich im hohen Gras gemütlich gemacht hatte. Erst wollte ich ihn hochheben, doch irgendetwas an seiner Haltung und seiner Umgebung hielt mich davon ab. Er gehörte hierher. Ich ging zurück ins Haus und wartete bis zum Einbruch der Nacht, während die Dunkelheit immer undurchdringlicher wurde und die Konturen des Hasen nach und nach verloschen, bis er und die umgebende Landschaft sich endgültig meinem Blick entzogen.

Von diesem Tag an verbrachte der kleine Hase jede Nacht im Freien und ich überlegte sogar, ihm die Gartentür zu öffnen, damit er noch weiter umherstreifen konnte. Ich sah hinaus auf die Felder, die weich wie Samt vor mir lagen, mit den kräftigen, grünen Trieben der neu ausgebrachten Saat. Das Gras stand bereits hüfthoch und trug schwer an seinen vielen Samen. Die Tage waren lang, ehe sie sich bei Sonnenuntergang in leuchtend-orange Wolkenlandschaften auflösten. Es war angenehm, es war warm und unterwegs auf dem Feldweg sah ich regelmäßig Hasenjunge, die jünger waren als meines und dennoch in der Natur überleben konnten. Doch ich zauderte, denn sobald der kleine Hase erst einmal draußen war, musste ich das Tor hinter ihm schließen und er konnte nicht mehr zurück – das dachte ich zumindest.

7.

Vier Monate alt: Aktionsräume

Den Rückweg (zu seinem Lager) nimmt er (der Hase) mit großer Liebe und der gewohnten Gegend ist er vor allem zugetan. Dadurch wird er auch häufig gefangen, weil er den gewohnten Aufenthalt nicht verlassen mag.

Aelian, *De natura animalium*

Der Tag, an dem der kleine Hase fortging, begann ohne die kleinste Ankündigung seiner Absichten. Er fraß, er spielte und ruhte unter seinem Lieblingsstrauch im Garten, wie gewohnt. Und ich verbrachte meinen Nachmittag, wie gewohnt, mit Videokonferenzen. Irgendwann schlich ich mich davon, um mir in der Küche ein Glas Wasser zu holen. Mit dem Glas in der Hand, den Blick träge zum Fenster hinaus gerichtet, sah ich den Hasen, wie er locker auf das Gartentor zutrabte, so wie schon Hunderte Male zuvor, wenn er die Grenzen seines Territoriums absteckte. Der ungleich verteilte Körperbau des Feldhasen – mit seinen kräftigen, langen Hinterbeinen, die im Lauf beeindruckend schnell sind, im Ruhezustand jedoch träge – ermöglicht ihm, mit gesenktem Kopf und der Nase auf dem Boden munter drauflos zu galoppieren, obwohl der Rumpf höher steht als der Kopf. Ich musste lächeln, als ich das sah. Der kleine Hase lief am Fenster vorbei und verschwand aus meinem Blickfeld. Ich wartete darauf, dass er zurückkommen und seine Runde fortsetzen würde. Mehrere Sekunden vergingen. Ich stellte das Glas ab, ging zur Hintertür und sah hinaus.

Der Hase stand mit selbstbewusster Haltung auf der Gartenmauer und sah zurück in meine Richtung. Seine Ohren zuckten kaum merklich, wie Fingerspitzen, die vorsichtig die Luft ertasten, während er die Umgebung in sich aufnahm. Bis zu diesem Tag hatte ich ihn noch nie oben auf der Mauer gesehen. Es handelte sich um eine klassische Trockenmauer, die um ein Vielfaches höher war als die Körperlänge des Hasen. Erst war ich einfach erstaunt – wie war er dort hinaufgekommen? –, diese erste Reaktion schlug jedoch sehr bald in Angst um. Was würde als nächstes passieren? Auf welche Seite würde er springen?

Der kleine Hase beschnüffelte den Stein unter seinen Füßen, maß die Entfernung bis zum Boden unter ihm und ließ den Blick über die schwindelerregende Weite der Felder und Wälder schweifen, die vor ihm lag. Ich rührte mich nicht, rief ihn nicht. Ich wagte kaum zu atmen. In einer Sekunde stand er noch da und schaute mir fest in die Augen, in der nächsten war der Platz auf der Mauer leer. Der kleine Hase war auf die andere Seite gesprungen. Ich ging zum Tor und sah hinaus, gerade noch rechtzeitig, um ihn locker den Weg entlanglaufen zu sehen, weg vom Haus und hinein in die Felder. Erst konnte ich seine Silhouette noch genau erkennen, doch bald wurde er eins mit der Landschaft und verschwand unter seinem haseneigenen Tarnmantel. All die Merkmale, die ich aus der Nähe so oft bewundert hatte – von den stumpfen Ohrenspitzen bis hin zu seinem rauen, vielfarbig schraffierten Fell – halfen ihm nun, sich unsichtbar zu machen. Die Felder legten sich um ihn und beanspruchten ihn für sich. Er war weg, aufgegangen im sommerlichen Gemälde aus üppigem Gras, jungem, saftig-grünem Getreide und im Hintergrund dem Wald, gesäumt von überhängenden Bäumen, uralten Kaninchenbauten und einem Dickicht aus Brombeerranken. Ich stellte mir vor, wie der kleine Hase zum ersten Mal dieser Welt begegnete, vielleicht immer schneller laufend, wenn er begreife, dass es nun bis zum Horizont keine Grenzen mehr gebe; schließlich würde er rennen, was seine Beine hergeben. Ich fragte mich, wie lange es wohl dauern würde, bis er auf andere Feldhasen stieße und wie diese auf den etwas anderen Eindringling reagieren würden.

Als Hase, der draußen in den Feldern lebte, war er nun einer unter vielen. Ich würde nie erfahren, wie es mit ihm weitergegangen war: ob er überlebt hatte und seinerseits Junge aufzog, von den anderen Hasen als Fremdling ausgestoßen worden oder im Maul des erstbesten schlauen Fuchses gelandet war. Eine magische Zeit voll neuer Erfahrungen war zu Ende und ich trauerte um den Verlust dieser unwiederbringlichen Tage. Ich sorgte mich, dass er von den anderen Feldhasen nicht akzeptiert würde, fürchtete, dass er vielleicht zurückkehren wollte, den Weg zum Haus aber nicht mehr fände oder die Gartenmauer nicht überwinden könnte, und hatte große Angst, dass er beim Überqueren der Straße von einem vorbeifahrenden Auto erfasst würde. Und ich schämte mich ein bisschen, weil ich so emotional reagierte. Nichts war natürlicher, als dass der kleine Hase in die Wildnis zurückkehrte. Und was konnte es für ihn Schöneres geben, als endlich die Freiheit zu besitzen, so schnell und so weit zu laufen, wie seine Beine ihn trugen?

Ich hatte den kleinen Hasen nie in einem Käfig gehalten. Ich hatte ihn mit dem Ziel aufgezogen, eines Tages in die freie Natur zurückzukehren, und nun hatte er beschlossen, dass er bereit war. Er hatte mir die Entscheidung, wann ich das Gartentor öffnen und ihn den Gefahren der Umgebung aussetzen sollte, einfach abgenommen. Es war von Anfang an klar gewesen, dass er eines Tages gehen würde, und dasselbe galt auch für mich. All meine Pläne waren darauf ausgerichtet, bei der ersten Gelegenheit nach London zurückzukehren, und nun war der Weg frei. Besser hätte es nicht laufen können.

Dieser Gedanke hielt mich aufrecht, während ich quer durchs Haus in mein Büro zurückging. Doch als ich den Bürosessel unter dem Schreibtisch hervorzog, fiel mein Blick auf eine einzelne Haferflocke, die dem kleinen Hasen von der Pfote auf den Teppich gefallen sein musste – der einzige Schmutz, den er je hinterlassen hatte. Ich unterdrückte ein Schluchzen.

Ich war mit der Verantwortung, ein Hasenjunges aufzuziehen, anfangs völlig überfordert gewesen, doch auch wie gebannt von seiner entzückenden Art, bewegt von seinem geheimnisvollen Wesen und durch und durch irritiert von der Tatsache, dass er immer da war. Monatelang war ich im Morgengrauen aufgestanden, um Milchfläschchen zuzubereiten oder Futter für ihn hinzustellen. Ich war am helllichten Tag auf Zehenspitzen ums Haus geschlichen, damit er ungestört schlafen konnte und hatte meine eigenen Schlafgewohnheiten umgekrempelt, indem ich bei Anbruch der Nacht schon zu Bett ging. Ich hatte Verwandten und Besuchern auferlegt, leise zu sprechen und den jungen Hasen nicht zu ängstigen. Ich hatte weitgehend darauf verzichtet, in der Abenddämmerung das Licht anzuknipsen, um den Biorhythmus des Hasen nicht zu beeinflussen und im Garten ganz auf Lampen verzichtet, weil mir zum ersten Mal klar geworden war, wie sehr sie das Sehvermögen von nachtaktiven Tieren beeinträchtigen. Ich hatte seit Monaten kein Parfum mehr getragen, weil ich vermutete, dass es für die sensible Nase eines Hasen beißend scharf und irritierend riechen musste, außerdem sah ich mir abends keine Fernsehnachrichten mehr an, um den Hasen keinen lauten, umgebungsfremden Geräuschen auszusetzen. Jeden Tag jagte ich die fetten Schmeißfliegen hinaus, die durch die immer offene Wohnzimmertür hereingeflogen waren, und einmal fand ich dort sogar ein verdutztes Rebhuhn vor, das bei meinem Versuch, es behutsam aus dem Haus zu begleiten, so massenhaft Federn ließ wie ein geplatztes Kissen. Es ging sogar so weit, dass ich untertags nicht mehr gern durch die Felder ging, weil ich andere schlafende Hasen nicht aufschrecken wollte. Es war total übertrieben. Es war absurd. Aber es war wunderschön. Dass es diese Verkomplizierung meines Lebens nun nicht mehr gab – eine außergewöhnliche, doch zeitlich begrenzte Erfahrung hatte ihr natürliches Ende gefunden –, hätte ein Aufatmen bewirken sollen, nicht zuletzt, weil es meine Rückkehr in die Stadt, wenn es dann so weit war, wesentlich vereinfachte. Während mir dieser Gedanke durch den Kopf ging, dämmerte mir auf einmal, dass meine Überzeugungen und Prioritäten im Begriff waren, sich zu verschieben, und ich stellte irritiert fest, dass ich vielleicht gar nicht mehr so versessen darauf war, so schnell wie möglich in mein urbanes Leben zurückzukehren.

Ich überlegte hin und her, was ich jetzt tun sollte. Der kleine Hase hatte sich an der niedrigsten Stelle über die Gartenmauer geschwungen, dort, wo ein Grashügel zur seitlichen Hausmauer hin eine leichte Böschung bildete. Auf der gegenüberliegenden Seite der Mauer, die gut einen Meter zwanzig hoch war, gab es keine Böschung. Vielmehr hoffend als an seine Rückkehr glaubend öffnete ich das Gartentor, blockierte es mit einem Stein und ging zurück ins Haus.

Es wurde früher Abend, und immer noch keine Spur vom kleinen Hasen. Ich ging wieder zum Tor und dann erblickte ihn tatsächlich, wie er am Rand des Weizenfeldes auf dem Hinterteil saß und döste, schlank, blass und elegant in seiner neuen Umgebung. »Hallo Kleiner«, rief ich. Der Hase sah zu mir herüber und schien zu lauschen, rannte nicht weg, kam aber auch nicht näher. Ich machte auf dem Absatz kehrt und ließ das Tor offen, jedoch hatte ich wenig Hoffnung, dass er hereinkommen würde.

Doch kurz vor Einbruch der Dunkelheit tauchte der Hase in dem geöffneten Durchgang auf, eine winzige Silhouette zwischen den hoch aufragenden Holzpfeilern. Er hatte die Löffel maximal aufgestellt und lauschte angestrengt, sodass man beinahe mehr Ohren sah als Hase. So wartete er für eine gefühlte

Ewigkeit an der Schwelle zwischen den beiden Welten, ehe er am Ende doch ins Haus huschte. Ich schloss das Tor hinter ihm, während er drinnen vor dem Kamin schon seine Haferflocken fraß, als wäre er nie weg gewesen. Danach lief er hinaus in die Nacht.

Als ich am nächsten Tag früh morgens herunterkam, war der Garten leer. Gerade als ich mich fragte, ob ich hinausgehen sollte und nach ihm suchen, bemerkte ich im Augenwinkel eine Bewegung. Wieder balancierte der kleine Hase auf dem First der Gartenmauer, die langen Vorderpfoten auf dem inneren, die Hinterläufe auf dem äußeren Vorsprung. In dieser gespreizten Haltung stand er auf dem unebenen Steinvorsprung und sah mich an. Dann traf er eine Entscheidung, sprang hinunter auf den Kies und rannte vor mir her ins Haus, durchnässt und mit schlammverklebtem Fell, die Haare strähnig vom Tau.

Da ich nun wusste, wonach ich Ausschau halten musste, beobachtete ich den kleinen Hasen, wie er an jenem Abend fortging, und meine Geduld wurde belohnt. In der Ecke eines angrenzenden Feldes hatte ich während der ersten Bauphase die Ackersteine aufgestapelt, die ich in mühsamer Kleinarbeit aus dem Boden rund um das Haus gegraben hatte, um einen weichen Untergrund für den zukünftigen Garten zu schaffen. Daraus war ein Hügel aus Geröll und Erde entstanden, und dort traf der kleine Hase nun auf einen wilden Feldhasen, der eine etwas dunklere Fellfarbe besaß, auch verglichen mit den anderen Exemplaren, die ich rings um das Haus beobachtet hatte. Auf dem Gipfel des Steinhaufens trafen die beiden aufeinander, streckten dem jeweils anderen vorsichtig die Nase entgegen und stellten die Ohren schief, bis der kleine Hase schließlich davonsprang. Aber er war weder attackiert noch zurückgewiesen worden. So wagte ich zu hoffen, dass er seinen Platz finden und da draußen akzeptiert werden würde.

Ein neuer Rhythmus begann. Im ersten Licht des neuen Tages fand ich den Hasen zusammengekauert im Blumenbeet neben der Glastür zum Wohnzimmer, triefend nass. Er wartete erst gar nicht, bis ich die Tür ganz aufhatte, sondern kletterte über meinen Arm, während ich noch am Boden an der Verriegelung nestelte, schnüffelte im Vorbeigehen an meiner Hand und streifte mich dabei an der Seite.

Wenn ich spät dran war, saß er manchmal auf dem Weg neben dem Feld, in meinen Augen irgendwie immer noch kleiner und heller als seine wilden Artgenossen. Das Sommerfell, das er mittlerweile trug, hatte auf der Stirn einen helleren Haarschopf, der noch vom Winterfell übriggeblieben war. Wenn ich den kleinen Hasen nirgendwo sehen konnte, rief ich kurz nach ihm, und innerhalb weniger Minuten schwang er sich über die Mauer und kam ins Haus. Untertags ließ ich alle Türen offen, damit er kommen und gehen konnte, wie es ihm gefiel. Manchmal schaute er nur für ein paar Minuten vorbei, bevor er wieder fort war. An solchen Tagen fragte ich mich, ob die Bindung des kleinen Hasen zum Menschen – die ja aus einer Notwendigkeit heraus und nicht aus freien Stücken entstanden war – nun langsam schwächer wurde und sich im Sog der Wildnis irgendwann auflösen würde. Einmal beobachtete ich ihn bei Einbruch der Nacht, wie er in gleichmäßigem, jedoch zielstrebigem Trab den Weg hinunterlief, einem großen, braunen Feldhasen hinterher, der ihn in die Ferne fortführte.

Meistens jedoch schlief der kleine Hase am Tag neben mir im Büro, lockerte nach und nach seine Haltung, bis er der Länge nach ausgestreckt fast die ganze Türschwelle ausfüllte. Er erhob sich erst, wenn ihm danach war, oft erst nach sechs Uhr abends, um sich noch ein paar Bissen Haferflocken zu holen, bevor ihn die Felder zu seiner nächtlichen Wanderung nach draußen lockten. Wir hatten Juli und auf den Feldern rund um das Haus stand dicht an dicht das Getreide: hoher, üppiger Weizen, der im Vergleich zu der zierlichen Gestalt des kleinen Hasen, der sich schlängelnd seinen Weg durch die Halme bahnte, wie ein endloses Meer wirkte. Wenn die Sonnenstrahlen von oben durch die Ähren des Weizens oder Roggens blinzeln, muss es sich aus dieser Perspektive anfühlen, wie wenn man am sandigen Meeresgrund entlangschwimmt und an der Oberfläche das Licht ins Wasser taucht.

An sehr heißen Tagen schien der Hase die Kühle des Hauses zu bevorzugen. Er atmete schnell und schwer, als wäre ihm nicht wohl. Die meisten Bücher, die ich gelesen hatte, stimmten darin überein, dass Feldhasen wenig bis gar kein Wasser trinken und ihren Flüssigkeitsbedarf rein durch die Pflanzen decken, die sie fressen. Der kleine Hase hingegen trank ausgiebig aus einer Schüssel mit Wasser. Die Oberfläche erzitterte sanft durch die Berührung der Schnurrhaare, von denen die Flüssigkeit abperlte, sobald er den Kopf hob, um Geräuschen zu lauschen, die für meine Ohren nicht wahrnehmbar waren. Anschließend legte er sich hin, um auszuruhen.

Als Hausgast war der kleine Hase immer noch sehr sensibel. So bestand ich weiterhin darauf, dass Besucher sich in seiner Nähe ruhig verhielten, was in der Regel gar nicht notwendig war, weil die meisten ebenso neugierig waren wie ich und sich gerne anpassten, schließlich hatte kaum jemand Gelegenheit gehabt, einen Feldhasen aus der Nähe und nicht nur als verschwommenen Fleck in der Landschaft zu sehen. Dennoch zog es der Hase gewöhnlich vor, sich aus dem Staub zu machen, wenn unbekannte Personen das Haus betraten, wobei er ein besonderes Misstrauen gegenüber Männern an den Tag legte. Wenn mein Vater, meine Brüder oder männliche Freunde zu Besuch kamen (und sich, in der Hoffnung, das Vertrauen des Hasen zu gewinnen, wirklich nicht leiser hätten bewegen können), machten wir uns immer einen Spaß aus diesem Verhalten. Denn egal wie geräuschlos sie sich verhielten, in dem Augenblick, in dem ein Mann einen Fuß ins Haus setzte, schoss der Hase ins Freie und kam erst wieder zurück, wenn alle gegangen waren. Wenn ich mich dann auf den Fußboden setzte, kletterte er auf meinen Schoß und knabberte durch den Hosenstoff an meinem Bein.

Eine befreundete Journalistin, die von den vielen Monaten der Dauerberichterstattung über die Pandemie völlig ausgelaugt war, besuchte mich, um sich ein paar Tage zu erholen. Sie akzeptierte der kleine Hase sofort. Als sie ein anderes Mal mit ihrem zweijährigen Sohn zu Besuch kam, verhielt sich die Sache ganz anders: Die verzückten Rufe des Kindes, als es den Hasen entdeckte, sorgten dafür, dass er sich blitzschnell in die nächstgelegene Hecke verzog, wo er für den Rest des Besuches verharrte. Die Frage, ob er sich einem Besucher zeigen würde oder nicht, wurde zum Gesprächsthema Nummer eins, zu einem Test, den die meisten gerne bestehen wollten, schließlich war eine Begegnung mit ihm etwas ganz Besonderes.

Seine Überreaktion auf sichtbare Veränderungen in seinem Umfeld, so übertrieben sie mir anfangs erschienen, amüsierten mich zwar, trieben mich aber gleichzeitig zur Verzweiflung. Kurz vor der Pandemie war einmal eine Maus ins Haus gelangt und in mein Sofa eingezogen, wo sie an mehreren Stellen Löcher in die Kissenbezüge nagte, die ich später, nachdem ich die Maus eingefangen hatte, wieder zunähte. Damals hatte ich kein Problem mit dem lumpigen Anblick meines Sofas, doch nun ging es nach und nach aus dem Leim, sodass ich schließlich beschloss, dass es weichen musste.

Ich ließ das Sofa eines Morgens abtransportieren, und zurück blieb eine leere Stelle im Wohnzimmer, gleich neben dem Kamin, wo der kleine Hase immer sein Futter fraß. In den darauffolgenden Tagen weigerte er sich, das Haus auch nur zu betreten, ganz klar aus Protest gegen die Umgestaltung seiner gewohnten Umgebung. Irgendwann kam er wieder herein, mit großer Vorsicht, fraß, beäugte die Leerstelle, wo das Sofa gestanden hatte, und verließ dann unverzüglich das Haus, als fühlte er sich drinnen nicht mehr wohl. Ich kapitulierte vor dem Unvermeidlichen, holte das Sofa zurück und stellte es, in all seiner schändlichen Pracht, an die angestammte Stelle. Der Hase blieb dennoch reserviert.

Erst nachdem ich die Kissen nach draußen getragen und eine Woche lang unter Sonne und Wind ausgelüftet hatte, fühlte sich der kleine Hase wieder wohl genug, um an seinen Tages-Schlafplatz im Haus zurückzukehren. Erst später erfuhr ich, dass Hasen einen äußerst sensiblen Geruchssinn besitzen. Männliche Hasen sollen sogar in der Lage sein, die genaue Laufrichtung einer Hasendame zu erkennen, obwohl sie schon Minuten zuvor vorbeigekommen war.

Nach dieser Erfahrung betrachtete ich meine Entscheidung, den Garten nach Fertigstellung des Hauses einzuzäunen, in neuem Licht, denn damit hatte ich die Hasen ausgesperrt, die dort früher im Sonnenuntergang in der Wiese herumgetollt waren. Wie viele Generationen von Hasen hatten wohl im Schutz dieser Gebäude geschlafen, Junge aufgezogen und Unterschlupf gefunden, bevor ich hier einzog? Jetzt erst bemerkte ich vereinzelte Trampelpfade und Wege rings um das Haus, und die Hasen, die diese Strecken tagtäglich nutzten, um sich zielstrebig zwischen Rainen, Gräben und Hecken fortzubewegen.

Immer wenn wir einen Baumbestand roden oder einen Zaun aufstellen, durchtrennen wir Verbindungswege, beseitigen Rückzugsorte oder vernichten Nahrungsquellen, die von der Tierwelt über Generationen hinweg genutzt wurden. Tiere nehmen, wie wir Menschen auch, immer den einfachsten Weg durchs Gelände, ihre Pfade formen die Landschaft und sind ihnen so vertraut wie uns die Fußwege und Abkürzungen in unserer Nachbarschaft.

Mauern, Straßen und Verkehr errichten Barrieren, die den Lebensraum von wild lebenden Tieren zerstückeln. Futterquellen werden unerreichbar und eine Vermischung mit Artgenossen unmöglich gemacht. Die Folge ist ein Rückgang der Populationen, einerseits durch die Verkleinerung des Genpools und andererseits durch tödliche Kollisionen mit Fahrzeugen.

Studien in Tschechien und Österreich haben gezeigt, dass Feldhasen von allen Tierarten am häufigsten bei Verkehrsunfällen getötet werden. Als ich einmal die nächstgelegene Hauptstraße entlangfuhr, die das Agrarland und die möglicherweise traditionellen Laufwege der ansässigen Hasenpopulation durchtrennt, kam ich auf weniger als einem Kilometer geteerte Straße bestimmt an vier totgefahrenen Feldhasen vorbei.

In jenem Sommer, als der Hase die große Freiheit entdeckte, hörte ich zum ersten Mal von dem Konzept des »Aktionsraums« eines Tieres, jener Fläche, die es braucht und nutzt, um Futter zu suchen, sich zu paaren, Junge aufzuziehen und Unterschlupf zu finden, dem Menschen gar nicht so unähnlich.

Der Aktionsraum eines Feldhasen liegt zwischen 21 und 190 Hektar, einer Fläche, die etwa 30 bis 300 Fußballfeldern entspricht und gewaltig ist, wenn man die Körpergröße des Tieres bedenkt. Viele Feldhasen legen auf ihrer nächtlichen Futtersuche eine Strecke von 15 bis 20 Kilometern zurück. Ich versuchte, diese Dimensionen im Kopf auf die umgebende Landschaft umzulegen. Dabei wurde mir bewusst, wie viele Straßen und wie viel menschliche Infrastruktur in diesem Umkreis das Land durchschnitten. All die dringenden Anforderungen an ein modernes Leben – das immer mehr Lebensmittelproduktion sowie immer mehr Häuser und insofern eine intensive Nutzung jedes Fleckchens Land erforderlich macht – bedeuteten eine massive Einschränkung der Bewegungsfreiheit dieser weit umherstreifenden Geschöpfe.

Langsam verstand ich, dass mein Haus, dadurch, dass ich den kleinen Hasen darin aufgezogen hatte, ein Teil, wenn nicht gar der Mittelpunkt seines Aktionsraums geworden war und er es möglicherweise mit Futter und Schutz gleichsetzte. Das würde auch erklären, warum er auf Veränderungen im Haus so sensibel reagierte. Bisher hatte mich diese Eigenschaft lediglich amüsiert, nun wurde mir auf einen Schlag klar, dass es dabei um Sicherheit und Überleben ging, und ich die Reaktion des Hasen durch meine menschliche Betrachtungsweise fehlinterpretiert hatte. Ich hatte durch das Entfernen des Sofas seinen Lebensraum verändert und ihm womöglich vorübergehend Angst gemacht.

Es wird vermutet, dass ein Hase, der sich den Kopf reibt, den Geruch aus einer Drüse am Kopf auf die Pfoten überträgt und so eine individuelle Handschrift kreiert, mit der er seinen Aktionsraum markiert. Der europäische Feldhase hat einen überraschend starken »Heimatinstinkt«. In Polen zum Beispiel legten Hasen, die aus ihrem Aktionsraum fortgebracht wurden, um die 400 Kilometer zurück, um dorthin zurückzugelangen, und in Quebec verfolgten Wissenschaftler die Bewegung eines weiblichen Polarhasen, der innerhalb von neunundvierzig Tagen 240 Meilen im Norden Kanadas zurücklegte – umgerechnet etwas mehr als die Entfernung zwischen New York City und Boston, was einem Durchschnitt von fünf Meilen am Tag über sieben Wochen am Stück entspricht –, bevor er einen Monat später starb. Warum das Tier eine solche Reise auf sich nahm, bleibt ein Mysterium. Für mich bringt die Geschichte jedoch auf den Punkt, wie stark und zugleich zerbrechlich Hasen sind, und zeigt, dass sehr viel mehr in ihrem Wesen steckt, als wir gemeinhin wissen. Sie unterstreicht auch, wie wenig wir zu tun gewillt sind, um den Bedürfnissen und Instinkten dieser scheuen Kreaturen entgegenzukommen. Doch der Feldhase steht mit seiner festen Bindung an einen Ort und dem gleichzeitigen Bedürfnis nach immens großer Bewegungsfreiheit im Widerspruch zu den Plänen des Menschen.

Ich stellte fest, dass sich mit dem kleinen Hasen auch mein eigener Aktionsraum verändert hatte. Zuvor hatte ich nicht nach einem bestimmten, gefestigten Muster gelebt. Nachdem ich viel auf Reisen gewesen war, hatte ich den Großteil meiner Zeit höchstens in den Aktionsräumen anderer verbracht. Nun drehte sich mein Leben um das alte Haus und den Hasen, ich folgte meinen eigenen bevorzugten Wegen. Hasen sind Gewohnheitstiere, und auch ich war eines geworden. Durch das Tier hatte ich wiederentdeckt, wie schön es ist, sich an einen Ort zu binden und welche Befriedigung man daraus ziehen kann, ihn bis ins kleinste Detail zu erkunden, anstatt immer nur nach einem Weg zu suchen, fortzugehen, und zu glauben, dass Zufriedenheit nur in neuen Erfahrungen zu finden ist.

Die würdevolle Art des kleinen Hasen, das Gefühl von Behagen und Ruhe, das er ausstrahlte, und die Schlichtheit seines Lebenswandels bewegten mich tief. Ein glücklicher Hase verbringt seinen Tag damit, in der Sonne zu liegen, sich herumzuwälzen, zu ruhen, zu dösen und zu träumen, den Augenblick zu genießen. Die Spur, die er dabei hinterlässt, ist nicht mehr als ein kleiner Fleck flachgedrücktes Gras, kaum größer als ein menschlicher Fußabdruck, der bald vom Wind wiederaufgestellt wird und vollends verschwindet. Das ruhige, aufgeräumte Dasein des Hasen stellte meine Prioritäten infrage und erweckte meine Sinne. Nach neun Monaten, in denen ich darauf verzichtet hatte, bei der ersten Vorahnung einer Abenddämmerung das Licht einzuschalten, bewegte ich mich nun wesentlich lieber im Dunkeln, sah hinaus in die Natur und wartete darauf, dass ihre Bewohner auftauchten.

Seite an Seite mit dem Hasen zu leben, veränderte mich auch auf andere, unerwartete Weise. Bevor er in mein Leben getreten war, stellte ich die Arbeit beinahe allen anderen Verpflichtungen voran. Kein Familienessen, kein Abend mit Freunden konnte so wichtig sein, dass ich mich nicht davon hätte unterbrechen lassen, denn die Arbeit fesselte mich, versprach Spannung und versorgte mich mit Adrenalin. Für gewöhnlich war ich draußen vor der Tür anzutreffen, zitternd vor Kälte auf und ab schreitend, weil mein Handy geklingelt hatte und ich die Gesellschaft verlassen hatte, oder auf dem Bordstein hockend, weil es eine dringende Krise zu lösen galt, während drinnen die Party weiterging. Schiefe Blicke oder kritische Kommentare erreichten mich nicht, ebenso wenig die Warnungen vor einem Burnout. Verabredungen, die ich traf, waren immer nur locker, niemals verbindlich, sodass ich sie problemlos absagen konnte. So sah für mich Freiheit aus. Jetzt wurde mir bewusst, dass ich mir diese Härte erst zugelegt hatte, um mit meinem fordernden Arbeitsumfeld klarzukommen. Dass ich ein Wesen und eine Arbeitsweise angenommen hatte, die mich auslaugten und in manchen Belangen überhaupt nicht zu mir passten, denn unter dem Panzer verbarg sich eine Person, die sich nach einem ruhigeren, sanfteren Rhythmus sehnte.

Während gut gemeinte Ratschläge von Freunden stets an mir abgeperlt waren, bearbeitete der kleine Hase meinen Charakter still und ohne Worte: Er löste einen Teil der nervösen Spannungen und der Rastlosigkeit, die sich in mir angesammelt hatten, weil ich ständig unterwegs gewesen war und immer auf Abruf für andere bereitgestanden hatte.

Um eine gute Beraterin für andere zu sein, muss man in der Lage sein, sich selbst aus der Gleichung herauszunehmen. Persönliche Meinungen und Gefühle müssen beiseitegeschoben werden, indem man auf Abstand geht oder sich verstellt, denn Eigeninteressen stehen im Widerspruch zu Objektivität. Jedes Rampenlicht ist zu vermeiden. Über viele Jahre praktiziert, wurde diese ständig wachsame, reservierte Haltung zu meinem Lebensstil. So hielt ich pausenlos Ausschau nach Stolpersteinen, antizipierte Bedrohungen schon bevor sie am Horizont auftauchten, und hielt mich bereit, von einer Sekunde auf die andere aufzuspringen, mich anzupassen und aus dem Bild zu verschwinden, ein Verhalten, das einem Hasen gar nicht so unähnlich war. Konnte es möglich sein, dass ich zu stark mit dem Hintergrund meines eigenen Lebens verschmolzen war, getarnt wie ein Hase im Dickicht, und meine Identität dabei verwischt wurde, jedoch ohne die heitere Gelassenheit des Hasen zu teilen? Wenn es dem Hasen so leicht gelang, meine Gewohnheiten auf den Kopf zu stellen, wie viele Dinge, die ich nie in Erwägung gezogen hatte, würden mir dann noch Freude bereiten? Ich hatte kaum erwarten können, dass die Normalität in mein Leben zurückkehrt, doch wenn etwas so Simples mir so viel Freude schenken konnte, wie viel gab es da noch zu entdecken?

Der Anblick von zwei am Hasenübergang die Gartenmauer entlangschleichenden Wieseln riss mich aus meinen Gedanken. Die kleinen, geschmeidigen Tiere sind gnadenlose Jäger, die einem Hasen mit einem einzigen Biss die Kehle durchtrennen können. Sie rennen und tanzen um ihre Beute herum, um sie zu verwirren, bevor sie sich schließlich darauf stürzen und sie töten. Die Wiesel hatten lange, dünne Schwänze, die sie nach hinten abspreizten, die Schwanzspitze war tiefschwarz und sah aus wie ein klassischer Malerpinsel. Pfoten und Bauchseite waren weiß, während der Rücken kastanienbraunes Fell aufwies. Ich wusste, dass zwei Wiesel einen Junghasen spielend erledigen konnten. Die beiden jagten einander über die Kiesfläche, rollten Kopf an Fuß verkeilt umher – ein raufendes Knäuel aus Fell und Zähnen, so leicht wie Samen im Wind. Erst schien es, als wären sie mehr daran interessiert zu spielen als zu jagen. Doch dann, von einer Sekunde auf die andere, standen sie still, hoch und hager, bevor sie – wie Dolche, die auf eine Zielscheibe geschleudert werden – in die Hecke zischten, wo der ahnungslose Hase schlief. Bis ich draußen war, um sie zu verscheuchen, waren sie natürlich längst fort.

Das Wissen, dass ich den Hasen nicht beschützen konnte, hielt mich nicht davon ab, es dennoch vergeblich zu versuchen. Einmal war ich – wie eine Windmühle lächerlich mit den Armen rudernd – draußen im Schlafanzug mehrere hundert Meter weit herumgelaufen, um einen Fuchs zu vertreiben, der den an meinem Haus vorbeiführenden Pfad entlang streunte. Der Blick des Fuchses war ruhig und verwegen, der Schritt ohne Eile – genauso stellte ich mir einen Fuchs vor, der eben erst fürstlich gefrühstückt hatte: »vollgefressen mit nächtlichen Leckereien«, wie es in einem Gedicht über die Hasenjagd von William Somervile hieß.

Ich ging zurück ins Haus. Halb sieben, die übliche Zeit, zu der der kleine Hase im Sommer vorbeischaute, war verstrichen, ohne eine Spur von ihm. Nach Stunden des Wartens ging ich nach draußen, um ihn zu suchen. Ich streifte durch die Felder und rief nach ihm. Er war vermutlich tot, und ich wusste nicht, was schlimmer wäre: seinen leblosen Körper zu finden oder niemals genau zu wissen, was passiert war. Mehrere Hasen stoben durch die Felder davon, als ich ihnen zu nahe kam, doch keiner, den ich wiedererkannte.

Niedergeschlagen trottete ich nach Hause, wo mich der Hase bereits erwartete, entspannt auf den Hinterbeinen vor dem Kamin sitzend und mit einem Blick, der zu fragen schien, wo ich denn so lange gesteckt hätte.

Die Gefahr näherte sich jedoch aus einer gänzlich anderen Richtung.

8. August: Hochsommersorgen

> So fliegt sie nun dahin, über Fels und über Flur;
> Und kein Schiff in Wind und Wellen, samt Flügeln
> aus gebauschtem Tuch, stob je nur halb so schnell.
>
> William Somervile, *The Chase*, 1735

Im Alter von sechs Monaten war der kleine Hase beinahe ausgewachsen, mit prächtigen, langen Ohren. Es war erstaunlich, wie lang und dünn seine Beine geworden waren. Sein schlankes Hinterteil bestand aus festen Sehnen und Muskeln, während die dicken, weichen Hinterfüße fast genauso lang waren wie das restliche Bein.

Jeden Tag löste sein Sprung über die Mauer bei mir einen neuen Anflug von Sorge aus. Würden seine eleganten Vorderläufe – nicht dicker als der schmale Teil eines Fingers – den wiederholten Aufprall bei der Landung unbeschadet überstehen? Würde er zwischen den Schlusssteinen der Trockenmauer hängenbleiben und sich die Pfote verdrehen – oder schlimmer noch, sich das Bein brechen? Mehr als einmal beobachtete ich, wie er ins Schwanken geriet und das Gleichgewicht verlor, rückwärts hinunterfiel und leichtfüßig auf dem Gras landete, wonach er nur kurz innehielt, um Kräfte zu sammeln und die Gegend nach Raubtieren abzusuchen, die durch die plötzliche Bewegung auf ihn aufmerksam geworden sein könnten. So oft ich konnte, eilte ich hinaus, um das Gartentor zu öffnen, sobald ich bemerkte, dass er sich für den abendlichen Ausgang fertig machte. Doch seine Ankunft im Morgengrauen war weniger leicht vorherzusagen, so überquerte der kleine Hase die hohe Trockenmauer Tag für Tag hin und zurück.

Eines Tages Ende August, der erste Sommer des Hasen neigte sich bereits dem Ende zu, erschrak ich, als er am Morgen heimkam und ohne jeden Zweifel mit der linken Vorderpfote in einer Schonhaltung verharrte. Er schien sie nicht belasten zu können und hoppelte vorsichtig auf mich zu, damit ich ihn fütterte. Danach lag er auf der Türschwelle und sah leidend aus. Mit herabhängenden Ohren leckte er sich die verletzte Pfote und legte sie auf der anderen ab, während er schlief. Bis zum Nachmittag waren seine Bewegungen noch langsamer geworden, manchmal schon stolpernd. Zu meinem Erstaunen humpelte er in der Dämmerung trotzdem hinaus und sprang auf drei Beinen auf die Gartenmauer, sobald die Dunkelheit hereingebrochen war.

Am nächsten Morgen öffnete ich das Gartentor besonders früh für ihn, da ich fürchtete, der Weg über die Mauer könnte seine Verletzung noch verschlimmern. Kaum hatte er mich gesehen, humpelte er auf mich zu und stolperte ins Haus. Seine Pfote war schlammverschmiert und wirkte geschwollen. Er schlief den ganzen Tag über im Haus, bis nach sieben Uhr abends. Seine Verletzung bereitete mir solche Sorgen, dass ich ihm buchstäblich das Haus überließ, mein Büro aufgab und in der Küche weiterarbeitete.

An jenem Abend hinkte er noch schlimmer. Wieder hielt ich das Tor weit für ihn auf, und noch während er auf drei Beinen an mir vorbei in die Finsternis lief, hatte ich Angst, ich würde ihn vielleicht nie wiedersehen oder am nächsten Morgen nur noch seinen Kadaver am Feldrand finden. Ich war erleichtert, als er am Morgen bereits vor dem Tor wartete und über die Schulter zu mir zurückblickte. Seine Körpersprache, als er sich nach dem Fressen im Zimmer hinlegte, verriet Schmerzen und Verwundbarkeit: Mit hochgezogenen Schultern und wachsamen Augen streckte er die verletzte Pfote hoch, die eindeutig dicker war als die andere, damit sie den Teppich nicht berührte. Wenn er seine Haferflocken fraß, berührte er nur mit der äußersten Spitze der Pfote den Boden und kniff dabei die Augen zu einem Schlitz zusammen, was nach meinen menschlichen Maßstäben auf Schmerzen hindeutete. Das Putzen seiner Hinterbeine war eine langsame, wackelige, aber immer noch essenzielle Tätigkeit. Mir fiel auf, dass nun öfter Haferflocken auf den Sohlen der verletzten Pfote klebten, möglicherweise trat dort aufgrund einer Infektion Flüssigkeit aus. Nach drei Tagen, an denen ich früher aufgestanden war, um ihn aus dem Garten zu lassen, bemerkte ich, dass er begonnen hatte, am Tor auf mich zu warten – wieder ein Beispiel dafür, wie schnell der Hase neue Verhaltensweisen erlernte, vielleicht war es aber auch ein Signal dafür, dass er schlimme Schmerzen hatte.

Ich war vor Sorge außer mir. Ich würde ihn auch jetzt nicht im Haus einsperren, konnte ihn aber auch nicht davon abhalten, in der Nacht über die Mauer zu springen – was er weiterhin tat – oder verhindern, dass er von einem Raubtier gefasst wurde. Dass ich wieder einen Fuchs sah, diesmal mitten im Garten, der spät nachts entspannt unter meinem Fenster vorbeispazierte und auf der erhöhten Einfassung des Blumenbeetes eine kleine Pause einlegte, trug kaum zu meiner Beruhigung bei. Ich war immer davon ausgegangen, dass die Gartenmauer Füchse zurückhielt, doch nun erkannte ich mit Schrecken, dass er vielleicht dem Geruch des Hasen gefolgt war, dieser jedoch nicht in gewohnter Geschwindigkeit flüchten konnte.

Meine Befürchtungen verstärkten sich noch, als am nächsten Tag ein monströser Mähdrescher auf dem Feld auftauchte. Die fünf Meter hohen, dreieinhalb Meter breiten und um die fünfzehn Tonnen schweren Maschinen schneiden das Getreide, dreschen das Korn und saugen es ein, während die nicht verwertbare Spreu ausgespuckt wird. Gleichzeitig presst sie das Stroh zu riesigen Ballen und verteilt sie auf dem Acker wie gigantische goldene Garnspulen.

Ich fürchtete, dass der kleine Hase, verletzt wie er war, in die Maschine geraten könnte. Dabei fiel mir ein, dass meine Mutter einmal den leblosen Kadaver eines Rehkitzes gefunden hatte, das von einem Feldhäcksler getötet worden war. Er hatte ihm den Kopf abgetrennt. Noch zwei Wochen lang kam die Rehmutter jeden Tag an der Stelle vorbei, um nach ihrem Kitz zu suchen.

Meine Schwester gab mir die Nummer eines Tierarztes hier in der Nähe und sagte in ihrer gewohnt mitfühlenden, jedoch praktischen und direkten Art, dass ich die Hoffnung nicht aufgeben solle, solange der kleine Hase fresse. »Erst wenn Tiere sich in eine Ecke zurückziehen und kein Futter mehr annehmen, weißt du, dass sie sterben.«

Ich sah noch eine Weile zu, wie der Hase litt, dann rief ich den Tierarzt an. Ich erklärte ihm, dass es sich nicht um ein zahmes Tier handelte oder um ein Haustier, das man mitnehmen konnte, dass es nicht in einem Käfig lebte und daher unmöglich am Fortlaufen gehindert werden konnte, wenn es sich dazu entschloss. Er bat mich, den Hasen für eine Röntgenaufnahme des Beins in die Praxis zu bringen. Doch ich fürchtete, dass eine solche Erfahrung für ihn tödlich enden könnte, oder zumindest sein Vertrauen in mich zerstören. Der kleine Hase war nie in eine geschlossene Kiste gesteckt oder irgendwohin gebracht worden, und ich malte mir aus, wie sein empfindliches Herz in solch einem Gefängnis rasend pochte, bis es einfach stehen blieb. Ich sagte dem Tierarzt, dass ich das für zu gefährlich hielt und der Schock den Hasen womöglich umbringen könne, und selbst wenn es nicht so weit käme, er sich wahrscheinlich bei dem Versuch, auszubrechen, noch weiter verletzen würde. Der Arzt schlug vor, zu mir nach Hause zu kommen, damit er das Tier zumindest untersuchen konnte, während ich es festhielt, aber ich musste ihm erklären, dass auch das schwierig sei: Der kleine Hase würde sich aus dem Staub machen, sobald er das Haus beträte. Nachdem er ein Video des hinkenden Hasen gesehen hatte, vermutete er eine Zerrung oder einen verstauchten Knöchel, beides konnte man theoretisch mit einem entzündungshemmenden Medikament behandeln, doch einen Hasen hatte er zuvor noch nie therapiert und in der Tierklinik gab es kein speziell für Hasen geeignetes Medikament auf Lager. Was er anbieten konnte, war eine Behandlung, die auf kleine Hunde zugeschnitten war, in einer auf das Gewicht des Tieres herabgesetzten Dosis. Er bat mich, den Hasen auf irgendeine Art zu wiegen und schloss mit der Warnung, dass er keine Anhaltspunkte habe, wie ein Hase auf das Mittel regieren würde und die Sache daher nicht ohne Risiko sei. Wir müssten einfach das Beste hoffen.

Als der kleine Hase am nächsten Tag nach Hause kam und sich mir näherte, kniete ich mich hin und nahm ihn so sanft wie möglich auf den Arm, wobei ich versuchte, das verletzte Bein keiner Erschütterung auszusetzen. Ich rechnete damit, dass er sich dagegen wehren würde, weil ich ihn nicht mehr aufgehoben hatte, seit er den Garten zum ersten Mal verlassen hatte, doch er lag reglos, beinahe apathisch an meiner Brust, die Ohren flach auf den Rücken gelegt. So trug ich ihn ins Badezimmer und stellte mich mit ihm auf die Waage. Er wog jetzt drei Kilogramm; was für ein Unterschied zu dem Winzling aus Fell und Ohren, den ich ein halbes Jahr zuvor gefunden hatte. Ich ging zurück, setzte ihn auf dem Boden ab und sah zu, wie er auf die Bürotreppe zuhopste und sich erschöpft hinlegte.

Ich überließ ihn der Pflege seiner kranken Pfote und fuhr zwölf Kilometer über Landstraßen in die Tierarztpraxis, die inmitten einer Gruppe von Gehöften auf einer Anhöhe gelegen war. Ich stieß dort auf eine mir völlig unbekannte Welt: Die Wände der Praxisräume waren voll behangen mit Postern zur Pflege von Haustieren und Bildern glücklicher Haus- und Nutztiere. Der Tierarzt kam, um mir das Medikament zu übergeben und wünschte mir Glück. Er hatte mir eine Flasche mit einer milchig-weißen Flüssigkeit mitgegeben und auf der dünnen Spritze bei etwa einem Drittel der Messskala eine Linie gezogen, was in etwa der Menge entsprach, die er für den kleinen Hasen für geeignet hielt. Er trug mir auf, dem Tier die Flüssigkeit in den Mund zu spritzen. Zurück im Auto sah ich mir die Schachtel in meiner Hand noch einmal von allen Seiten an: Sie trug das Etikett der Praxis, auf dem stand, für wen das Medikament bestimmt war: »PATIENT: HASE«. Außerdem waren darauf mein Name und meine Adresse als »BESITZERIN« des Tieres angegeben. Ich musste lächeln, denn nichts konnte weiter entfernt von der Wahrheit sein. Der kleine Hase widersetzte sich diesem Konzept, er gehörte nur sich allein.

Ich dachte lange darüber nach, was das »Besitzen« von Lebewesen für uns Menschen alles bedeuten konnte. Erstens verstärkt der Kontakt mit Tieren unser Empfinden von Liebe, Empathie und Mitgefühl. Es weckt außerdem unsere Ehrfurcht vor der Tierwelt und ein Gefühl der Gemeinsamkeit und Verbundenheit über Artgrenzen hinweg. Und, wie ich am eigenen Leib erfuhr, öffnet sich dadurch ein Zugang zu größerem Respekt vor der Natur und der Umwelt in ihrer Gesamtheit. Doch auf der anderen Seite besteht hier ein immenses Machtgefälle. Wir unterwerfen Tiere allzu leichtfertig unserem Willen, schränken oder sperren sie ein, damit sie unseren Zwecken, Bedürfnissen und Lebensstilen entsprechen.

Unterwegs im Auto überlegte ich, wie ich dem Hasen das Medikament verabreichen sollte und ob ich das Risiko, dass er dadurch starb, wirklich eingehen sollte. Der Gedanke an einen möglichen Tod des Hasen rief mir in Erinnerung, wie einem Kollegen vor einigen Jahren die Tränen in die Augen gestiegen waren, als er mir vom Tod seines Hundes erzählte. Als ihm dann immer mehr Tränen über die Wangen rollten, schämte ich mich ein wenig für ihn, als ließe er eine Schwäche erkennen, die er später bereuen würde. Ein solcher Gefühlsausbruch wegen eines Tieres schien mir übertrieben, irgendwie fehl am Platz, als verdienten nur Menschen ein solches Maß an Trauer. Mittlerweile hatte ich zu schätzen gelernt, dass die Zuneigung zu einem Tier ganz anders geartet ist, ungetrübt von den Entschuldigungen, Verwicklungen und Kompromissen menschlicher Beziehungen. Ihr haftete eine besondere Unschuld und Reinheit an. Durch die Abwesenheit verbaler Kommunikation gehen wir besonders auf die Tiere ein, um ihre Bedürfnisse zu verstehen und zu befriedigen, dafür schenken sie uns Freundschaft und Aufmerksamkeit, während wir uns bereits gegen die unvermeidliche Trauer wappnen, die uns früher oder später einholen wird, weil ein Tierleben in der Regel wesentlich kürzer ist als ein Menschenleben. Ich bekam eine Ahnung davon, wie groß mein Schmerz und meine Trauer sein würden, wenn der kleine Hase stürbe. Allein bei dem Gedanken schauderte es mich so sehr, dass ich spürte, wie die Tränen in mir aufstiegen und ich mich fester ans Lenkrad klammern musste.

Als ich zu Hause ankam, war ich immer noch unentschlossen und begann, den Beipackzettel des Medikaments zu lesen, auf dem mögliche Nebenwirkungen aufgelistet waren, darunter auch eine »Störung des Verdauungsapparates«. Vage erinnerte ich mich daran, dass einer von Cowpers Hasen an etwas Ähnlichem gestorben war und verlor endgültig die Nerven. Was, wenn ich den Hasen falsch gewogen hatte, oder die Medizin seinen Magen schädigte, oder die Dosis zu hoch war und ihn umbrachte? Die Vorstellung war mir so unerträglich, dass das Medikament am Ende ungenutzt im Kühlschrank liegen blieb. Ich kam zu dem Schluss, dass ich nichts Besseres tun konnte, als ihm ein ruhiges, sicheres Umfeld zu schaffen, in dem er sich untertags ausruhen konnte, solange er wollte, sowie reichlich Futter und Wasser bereitzustellen, damit er seine nächtliche Futtersuche verkürzen konnte.

Der Heilungsprozess erfolgte in kleinen Schritten. Immer noch wagte sich der kleine Hase jede Nacht nach draußen. Ich öffnete ihm täglich das Gartentor, damit er nicht über die Mauer springen musste, doch als ich es eines Morgens zu langsam hinter ihm schloss, schlüpften noch zwei weitere Feldhasen, massig und dunkelbraun, die ihm offensichtlich gefolgt waren, hinter ihm in den Garten. Der kleine Hase flüchtete auf seiner schmerzenden Pfote ins Blumenbeet und kauerte sich unter ein Blütenbüschel, während ich die Eindringlinge hinausjagte. Eigentlich hätte ich den Garten gerne für alle Hasen geöffnet – wenn ich nur einen Weg gefunden hätte, dabei die Kaninchen draußenzuhalten, um meine ohnehin gefährdeten Pflanzen vor ihrem unaufhörlichen Gebuddel zu schützen –, doch der Wunsch, ihn als exklusiven Rückzugsort für diesen einen, wunderbaren Hasen zu erhalten, war stärker.

Als der Sommer sich langsam dem Herbst zuneigte, konnte der kleine Hase wieder normal laufen. Meiner Ansicht nach sah sein linkes Bein oberhalb der Pfote immer noch ein wenig dicker aus, doch sein Gang zeigte keine bleibende Veränderung. Bald war der Hase vollständig genesen und ich konnte ihm dabei zusehen, wie er im Stehen die Pflaumen von einem Baum im Garten schüttelte. Die Trommelübungen, die er in frühen Tagen gemacht hatte, zahlten sich nun aus.

Nachdem ich seine Vorliebe für Obst erkannt hatte, versuchte ich es mit Birnen. Tatsächlich nagte er gerne einige große Bissen ab, bis sein Kinn vom Birnensaft ganz klebrig war. Eine einzige Birne reichte jedoch für eine ganze Woche, auch weil ich versuchte, ihm nicht zu viel Obst anzubieten, damit er nicht zu große Mengen Zucker zu sich nahm.

Bis heute weiß ich nicht, wie es zu der Verletzung des Hasen gekommen ist. Ich habe auch in freier Natur verletzte Hasen beobachtet, die auf drei Pfoten liefen. Hasenbeine sind so filigran, dass es sich dabei vielleicht um ein häufiges Problem handelt. Doch ich vermute immer noch, dass er sich die Verletzung beim Überspringen der Gartenmauer zuzog, die ihm zwar einen Rückzugsort schaffte und Sichtschutz bot, jedoch ein unnatürliches und gefährliches Hindernis darstellte, das er jeden Tag überwinden musste.

Noch mehr Gefahren lauerten, als im Spätsommer die Stoppelfelder gepflügt wurden: Innerhalb weniger Minuten verwandelten sie sich in eine braune Ödnis, wie umgewälzte Schlachtfelder an der Somme, die aus der Perspektive eines Hasen unendlich groß wirken mussten. Der Boden wurde von einem Traktor, der einen Pflug hinter sich nachzog, aufgerissen, zerteilt und umgewälzt, Furchen wurden gezogen und neue Samen ausgebracht. Ich stellte mir vor, wie die Hasen vor diesen Stahlgiganten flüchteten, ihr Herzschlag rasend vor Angst, nur um später zurückzukehren und festzustellen, dass ihre Sassen – oder ihre Jungen – unter den riesigen, vor nichts Halt machenden Reifen zermalmt worden waren. Oder um sich nichtsahnend die Hinterpfoten zu putzen und dabei die Chemikalien aufzulecken, die auf den Jungpflanzen versprüht worden waren.

Die Intensivierung der Landwirtschaft gilt inzwischen als der sogenannte »Superfaktor«, der für den

Rückgang der Feldhasenpopulation hauptverantwortlich gemacht wird. Die massiv gestiegene Häufigkeit von Mäharbeiten auf Ackerflächen als Folge moderner Anbaumethoden, die Rodung von Hecken zur Schaffung immer größerer Felder für eine Maximierung der Erträge und der Einsatz riesiger Maschinen, sowie immer häufiger gepflanzte Winterkulturen wurden als Gefahren identifiziert. All diese Aspekte verringern die Artenvielfalt und somit die Nahrungsquellen für Hasen während der mageren Monate des Jahres, und erschweren es ihnen, Schutz und Unterschlupf zu finden. Die Ernährung der Bevölkerung und der Schutz der Umwelt sind beide zwingende Notwendigkeiten, die einander rivalisierend gegenüberstehen und bis heute nicht in Einklang gebracht werden konnten. Unterdessen führt die intensive Landwirtschaft unweigerlich dazu, dass Hasen als Plage erachtet werden, denn was bleibt ihnen anderes übrig, als die Feldfrüchte zu fressen?

In der Vergangenheit wurde das Tempo des Lebens von der Geschwindigkeit bestimmt, mit der ein Mensch laufen konnte. So wurde auch im Schritttempo gepflügt und der Pflug von einem Pferd gezogen; um Heu zu machen, wurde das Gras mit der Sense geschnitten, von Menschen, die auf eigenen Beinen stehend die Sense in einer seitlichen Kreisbewegung schwangen; die Ernte wurde eingeholt, indem die Halme mit der Sichel geschnitten, zu Garben gebunden und aufgehäuft wurden, um später auf einen

Wagen geladen zu werden; Bäume wurden von Hand gefällt – bei größeren Exemplaren von zwei Mann, die einander an beiden Seiten des Stammes gegenüberstanden und die Holzsäge hin und her bewegten.

Moderne Technologien haben in allen Bereichen des Lebens zu immensen Verbesserungen geführt, ganz besonders in der Landwirtschaft und in der Nahrungsmittelproduktion, doch der Preis für unseren Planeten war hoch, wie wir heute wissen. Ein Kostenfaktor ist die Lärmverschmutzung. Mittlerweile haben wir uns an ein Leben mit hohem Geräuschpegel gewöhnt. Das Rattern und Brüllen immer größerer Maschinen, die einst von Menschen verrichtete Arbeit übernehmen, der permanente Krach von Flugzeugen, Autos und Schwerverkehr sowie das durchdringende Kreischen ihrer Sirenen und Warnsignale. In der Land- und Forstwirtschaft sind die Maschinen mittlerweile riesig groß und zunehmend automatisiert. Aus diesem Grund benötigen sie breitere Straßen und Durchfahrten sowie größere Gebäude, um sie unterzubringen.

Lichtverschmutzung bei Nacht ist eine weitere Belastung für die Erde, die heute ein immenses Ausmaß angenommen hat. An den Autobahnen bleibt die Straßenbeleuchtung die ganze Nacht an, sogar zu Zeiten geringster Nutzung. Auf dem Land setzen immer mehr Unternehmen und große Landwirtschaftsbetriebe im Namen der Sicherheit auf eine grelle Außenbeleuchtung, die häufig ununterbrochen eingeschaltet ist, anstatt auf Bewegungssensoren zu reagieren. In den Städten sind ganze Straßenzüge und Gebäude ständig beleuchtet. Man muss nur einen Blick auf die Satellitenbilder der Erde werfen, um zu erkennen, dass wir eine Kugel aus Licht sind. Doch welchen Schaden richtet das bei Vögeln und anderen Tieren an? Uns Menschen sagt man unentwegt, dass ein ungestörter Schlaf einen entscheidenden Gesundheitsfaktor darstellt und wir abgedunkelte Räume benötigen, um in den Tiefschlaf zu fallen. Dennoch denken wir nur selten an den Schlaf von Vögeln und anderen Tieren, beziehungsweise daran, dass nachtaktive Tiere im Dunkeln navigieren müssen.

Kaum hatte ich angefangen, mir über diese Dinge den Kopf zu zerbrechen, verschwand der kleine Hase spurlos. Tage vergingen, aber er kam nicht zurück. Zwei Wochen lang streifte ich draußen durch die Felder, suchte ihn und rief nach ihm, wobei ich jede Menge andere Hasen aufscheuchte, die rechts und links davonstoben. Ich pflückte Wildäpfel in den Hecken, sah mir die Nachrichten an und spürte den Sog der Welt da draußen. Ich war überzeugt, dass der Hase diesmal für immer fortgegangen war.

Eines Abends ging ich hinaus zum Gartentor und rief nach ihm. Draußen auf den Feldern wimmelte es vor Hasen, doch ich konnte nicht erkennen, ob er dabei war. Als ich mich in einem Anflug von Hoffnungslosigkeit zu Boden sinken ließ, hörte ich plötzlich hinter mir ein Geräusch – das winzige Klackern eines verschobenen Steins. Ich wandte mich um und sah den kleinen Hasen über den Kies laufen. Er drehte mir die Ohren zu und sah mich mit einem fragenden Ausdruck an. Kaum war ich aufgestanden, rannte er wie der Blitz seitlich um das Haus herum und wartete, bis ich ihm die Tür aufmachte.

Der kleine Hase war zurückgekommen, und er blieb. Er machte es sich zur Gewohnheit, auf der Fußablage einer Bank im Wohnzimmer zu schlafen, und zwar so lang und ausgiebig, dass ich Sorge hatte, er könnte kein ausreichend dickes Winterfell entwickeln, wenn er so viel Zeit in Innenräumen verbrachte, nun, da der Dezember bedrohlich näher rückte. Dann kam das Winterfell trotzdem sehr schnell, einschließlich einer üppigen Halskrause, die im Verlauf der Wochen zu einer stattlichen Mähne heranwuchs und in die er den Kopf vergrub, wenn er schlief. Zum Jahresende war sein Fell rotbraun und loderte beinahe flammengleich im Licht des Sonnenuntergangs. Im Gesicht trug er auffällige weiße Male: einen wunderschönen hellen Kreis um jedes Auge, darunter und darüber standen zusätzliche helle Flecke, vermutlich, um das dunkle Erscheinungsbild des Gesichts im Schnee zu kaschieren. Wie damals, als er noch winzig klein war, hatten Hinterläufe und untere Gesäßpartie einen Farbton angenommen, der an Milchkaffee erinnerte. In der Abenddämmerung blieben diese hellen Streifen und Flecke noch sichtbar, während der Rest seines Körpers bereits im schwächer werdenden Licht verschwand.

Als die Tage kürzer wurden, kehrte der Hase abends immer früher ins Haus zurück, schlüpfte lautlos hinein und wieder hinaus, oft wie ein Gespenst, das aus dem Nebel auftaucht. Als er eines Nachmittags heimkam, sprang er neben mich auf die Couch und legte mir für eine kurze Weile die eiskalten Pfoten auf die Beine.

Wenn es im Winter beißend kalt wurde, musste ich den Kamin anheizen. Erst war ich besorgt, wie der Hase auf die Hitze, den Rauch und das Geräusch umstürzender Holzscheite reagieren würde. Doch entgegen meinen Erwartungen ließ er sich davon alles andere als abschrecken, sondern schlief weiterhin in der Nähe des Kamins, während ich mich dort immer wieder zu schaffen machte. Das Fell des Hasen blieb weiterhin makellos, auch wenn es draußen so richtig matschig war. Als ich ihn einmal dabei beobachtete, wie er sich während des ersten Schneesturms des Jahres gegen die Hausmauer kauerte, das Fell über und über mit mattweißen Schneeflocken bedeckt, bemerkte ich, dass das Fell auf der Unterseite seines Schwanzes sogar heller strahlte als der Schnee.

An manchen Abenden war es bereits dunkel, und der kleine Hase war immer noch nicht aufgetaucht. Dann ließ ich ihm die Tür zum Wohnzimmer offen, damit er durch die bauschenden Gardinen hineinschlüpfen konnte, um zu fressen und sich auszuruhen, bevor er wieder nach draußen verschwand. In der Nacht sah der Hase stets größer aus als bei Tag. Seine

Augen wirkten prominenter, und die aufrechte Haltung – auf den Spitzen seiner Pfoten, mit hoch erhobenem Kopf und ausgestreckten Ohren – signalisierte, dass er allzeit bereit war, loszurennen. Manchmal lag er nur wenige Meter hinter der Gartenmauer, wachsam, unergründlich und unabhängig, und blickte auf das Haus, dessen Lichter in der winterlichen Dämmerstimmung flackerten.

Eines Abends, als es schon fast dunkel war, sah ich ihn neben dem Gartentor herumlungern, darauf wartend, hinausgelassen zu werden. Nachdem ich ihm aufgemacht hatte, lief er selbstbewusst hinaus, blieb jedoch nach wenigen Metern stehen und wandte sich zu mir um. Einen kurzen Augenblick überlegte ich, ob er mich vielleicht für einen etwas sonderbar gearteten Hasen hielt und erwartete, dass ich ihm in die Nebelschwaden der Nacht hinein folgte.

Zweiter Teil

9.
Klein war gestern

Hasen haben nicht die eine Jahreszeit für die Liebe – wie ich sagte, nennt man sie Paarungszeit – denn es gibt keinen Monat des Jahres, in dem nicht einige von ihnen Junge austragen.

Edward von Norwich, *The Master of Game*, 1406

Die Jahreszeiten wechselten, der Februar kehrte wieder, und der kleine Hase, der jetzt ein Jahr alt war, wurde unbemerkt erwachsen. Seine überschäumende Energie hatte er dennoch nicht verloren. Er rannte mit Begeisterung durch eine Tür ins Haus und durch eine andere wieder hinaus, kam wenig später zurückgelaufen, schraubte sich in die Luft und vollzog im Flug eine halbe Drehung, um nach der Landung in die entgegengesetzte Richtung davon zu sprinten. Wenn ich dann nach ihm rief, drückte er die Ohren jedes Mal fest an den Körper, beschleunigte noch einmal mehr und kickte mit den Hinterbeinen in meine Richtung, näherte sich buckelnd und spielend dem Haus, bis er irgendwann hineinschlüpfte und sich neben meine Füße setzte, ganz und gar nicht außer Atem.

Während sich »mein« Hase immer noch in der Nähe des Hauses aufhielt, sah ich jenseits der Gartenmauer nun oft ganze Gefolge von Hasen, die in großen, ausladenden Bögen hintereinander über die Felder rannten. Der vorneweg laufende Hase flüchtete vor dem Rest der Reihe, in einer raffinierten Kombination aus spitzwinkligen Zickzacklinien mit erstaunlich schnellen, abrupten Kurswechseln. Allem Anschein nach sollten so die Verfolger abgeschüttelt werden. Manchmal wirbelte er mitten im Lauf auf den Vorderpfoten herum, machte im Bruchteil einer Sekunde kehrt und lief den Weg wieder zurück, wie ich es vom kleinen Hasen kannte, wenn er im Garten um mich herumflitzte.

Meist verschwanden die rennenden Seilschaften dann irgendwann hinter dem Horizont oder in einem Graben, sodass ich mich fragte, wie das Wettrennen wohl ausgegangen war. Manchmal jedoch konnte ich beobachten, wie der vorderste Hase, in die Enge getrieben, stehen blieb, sich aufrichtete, die Ohren spitz aufstellte, den Schwanz nach hinten wegstreckte und auf Hinterbeinen durch das lange Gras zwischen den Kamillenblüten am Feldrand tanzte, während die Vorderpfoten blitzschnelle Schläge auf die Brust und ins Gesicht des Hasen austeilten, der ihm am nächsten gekommen war. Er musste auch Schläge einstecken, bis er das Gleichgewicht verlor und Reißaus nahm. Während das Licht nach und nach aus dem Himmel sickerte und die Landschaft zunehmend einer alten, körnigen Schwarzweißfotografie glich, ging das Rennen der Hasen weiter.

Früher dachte man, dass es sich bei boxenden Hasen um zwei Männchen handelt, die um ihre Reviergrenzen kämpfen. Mittlerweile geht man davon aus, dass es meist Häsinnen sind, die damit Rammler abwehren. Es gibt zwei Arten von Kämpfen: »Distanzkämpfe«, bei denen sich nur die Pfoten der Kontrahenten berühren, und »Brustkämpfe«, bei denen die Tiere auf Brust und Gesicht des Anderen zielen. Ein Boxkampf, der sich eines späten Nachmittags in der Nähe meiner Scheune ereignete, war so erbittert, dass man im Licht der niedrigstehenden Sonne deutlich sehen konnte, wie lauter dicke Fellknäuel durch die Luft flogen. Solche Balzkämpfe können mehrere Tage lang andauern. Die wiederholte Berührung des Weibchens durch den männlichen Hasen stimuliert den

Eisprung. Von dieser Warte aus betrachtet, bekamen die frühen Turnübungen des kleinen Hasen in meinem Garten eine ganz neue Bedeutung, bereitete er sich doch damit auf die speziellen körperlichen Herausforderungen vor, die ihm als erwachsener Hase bevorstanden.

Die Boxkämpfe, die ich beobachtete, wirkten auf mich sehr bewusst und zielgerichtet, dennoch fand das Verhalten boxender Feldhasen als Synonym für Verrücktheit Eingang in den englischen Sprachschatz – zum Beispiel in Lewis Carrolls Formulierung »as mad as a March hare« aus *Alice im Wunderland* oder in dem Attribut »hare-brained«, das Menschen bezeichnet, die irrational, überstürzt oder töricht handeln. Der kleine Hase schien gegen solche irrwitzigen Frühlingsgefühle immun zu sein und schlief weiterhin so tief und fest unter seinem Busch, dass er manchmal umkippte wie ein kenterndes Schiff. Stunde um Stunde vertrödelte er im Garten, während sich draußen vor der Mauer die schweißtreibenden Verfolgungsjagden fortsetzten, sodass ich mich fragte, ob sein lustloses Verhalten normal sei. Manchmal saß er auf dem Holzübertritt am Gartenzaun und starrte wie in Trance hinaus über die Felder, machte jedoch keine Anstalten, den anderen Hasen, die von seinem Aussichtspunkt aus deutlich zu sehen sein mussten, zu folgen.

Einige Wochen später erwachte er dann doch aus seinem Tiefschlaf, rannte im weiten Bogen durch den Garten und vollführte gigantische Sprünge. An einem

Frühlingsnachmittag begann er plötzlich, im Kreis um mich herumzurennen, während ich nur dastand und ihm dabei zusah, wie er sich sukzessive in einen Zustand höchster Ekstase hineinsteigerte. Dann überwand er mühelos die Gartenmauer und rannte pfeilgerade den ganzen Weg bis zum Waldrand, wo er zielstrebig in den Saum aus Bäumen eintauchte, als wäre er auf einer dringenden Mission. Ein anderes Mal sah ich, wie er den Gartenzaun auf der Innenseite entlangrannte, während zwei andere Hasen ihm draußen wie Schatten folgten, bis der kleine Hase schließlich über die Mauer hüpfte, um gemeinsam mit den anderen hinaus ins Feld zu laufen. Schwer zu sagen, ob er der Jäger oder der Gejagte war.

Der Wandel der Jahreszeiten und die veränderte Stimmung waren auch am Äußeren des Hasen abzulesen. Während er nach und nach das Winterfell verlor, tauchten in seinem Gesicht helle Fellwirbel auf und schufen ähnlich lebhafte Muster, wie ich sie auch schon bei anderen Hasen gesehen hatte. Er legte jedoch weiterhin ein untrügliches Gespür für Wetterereignisse an den Tag, etwa, als er eines Nachmittags von außen gegen die Wohnzimmertür trommelte, um hereingelassen zu werden, Sekunden bevor ein furchterregender Hagelschauer einsetzte. Im ganzen Haus lagen Haferkörner verstreut, die ihm während seiner kurzen Besuche von den Pfoten fielen, die Zeiträume, die er jenseits der Mauer verbrachte, wurden jedoch immer größer.

Auch ich spürte den Sog der Welt da draußen. Meine Rückkehr nach London und eine anschließende Geschäftsreise in den Nahen Osten ließen sich nicht mehr länger hinauszögern; und, um ehrlich zu sein, freute ich mich darauf. Seitdem der Hase in mein Leben getreten war, war ich nie länger als für ein paar Tage fort gewesen, und nun würden es gleich mehrere Monate sein. Trotzdem bereitete es mir Kopfzerbrechen, den Hasen alleinzulassen. Zwar hing sein Überleben nicht von mir ab, es kam mir aber dennoch grausam vor, einfach zu verschwinden, wo er sich doch an meine Anwesenheit gewöhnt hatte. Zudem musste ich mich mit der Möglichkeit abfinden, dass er nach meiner Rückkehr nicht mehr da sein würde, entweder weil ihm etwas zugestoßen oder er wieder ganz und gar Teil der Natur geworden war. So sehr ich mich auch bemühte, bei dem Gedanken rational zu bleiben, wusste ich doch, dass es mich sehr treffen würde, wenn es so käme. Trotzdem konnte das Leben nicht länger stillstehen, und wenn ich ehrlich war, wollte und musste auch ich jetzt gehen.

Ich rief einen Zimmermann, der sich im Laufe seiner Karriere den Ruf erarbeitet hatte, Holz besonders kunstfertig für alle möglichen Zwecke formen zu können. Ich fragte ihn, ob es möglich sei, eine Öffnung in die Glasscheibe zu schneiden, durch die der Hase ins Haus konnte. »Warum wollen Sie denn eine tadellose Tür kaputt machen?«, wunderte er sich. Zwischen den Zeilen konnte ich hören, was er eigentlich meinte:

Warum in aller Welt wollen Sie einen Hasen ins Haus lassen? Ich ließ die Idee fallen. Stattdessen versprach meine Mutter, den Hasen während meiner Abwesenheit zu füttern. Sie nahm bereitwillig meine detaillierten Anweisungen entgegen, die sowohl die Gewohnheiten, Vorlieben und Bedürfnisse des Hasen, wie ich sie ich mir zusammengereimt hatte, als auch die Zeiten seiner täglichen Besuche umfassten.

Ich stellte an unauffälligen Orten Wildkameras auf, klebte jedoch alle Lichtquellen vollständig ab, um die Nachtsicht des Hasen nicht zu stören. Damit konnte ich nun meine Mutter benachrichtigen, wenn der Hase da war, schließlich wäre es zu viel verlangt gewesen, dass sie ständig die Kameras checkte, wie ich es tat. In den folgenden Wochen erwischte ich mich dabei, wie ich sogar vom Rücksitz eines Taxis aus, das mich durch irgendeine Stadt im Nahen Osten fuhr, das Haus überwachte und meiner Mutter Textnachrichten schickte, wenn der Hase da war und darauf wartete, dass sie ihm die Tür öffnete. Außerdem stellte ich fest, dass ich meine neue Leidenschaft auch unterwegs nicht abschütteln konnte und eine lokale Buchhandlung nach sämtlichen Informationen durchforstete, die es über den im Nahen Osten heimischen *Lepus capensis* gab. In der Hoffnung, während der Fahrt durch Buschland und Dünenlandschaften, die vom Anblick langbeiniger, robuster Kamele geprägt waren, einen Blick auf den Wüstenbewohner und Vorfahren unseres Feldhasen zu erhaschen, starrte ich unentwegt aus dem Fenster. Einmal, als wir unter der brütenden Sonne an einer Ampel hielten, sah ich auf einer Verkehrsinsel, die mitten im Gewirr von Brücken und Betonüberführungen lag, wie Vögel dort ein Nest bauten und der Hitze und den stickigen Abgasen zum Trotz darum kämpften, zu überleben und sich fortzupflanzen. Ich zog den Hut vor der großen Würde und Beharrlichkeit dieser Tiere.

Ob es nun am angeborenen Talent meiner Mutter im Umgang mit Tieren oder ihrer ähnlichen Stimme lag – oder an beidem –, kann ich nicht beurteilen, jedenfalls war der Hase völlig entspannt, wenn sie einmal pro Tag vorbeikam, um ihn zu füttern. Dennoch erhielt ich, als ich im Frühsommer zurückkehrte, die Nachricht, dass der Hase verschwunden war. Tage vergingen ohne ein Zeichen von ihm. Ich vergrub mich in Arbeit und gab jedem, der nach dem Hasen fragte, kryptische Antworten, hinter denen ich meine Traurigkeit verbarg, dass er nicht mehr da war. Ich fühlte mich schuldig, weil ich fortgegangen war. Zwei Wochen später, als ich aus einem Fenster im ersten Stock sah, bemerkte ich im oberen Teil des Gartens eine Bewegung im kniehohen Gras. Aus purem Zufall sah ich für einen kurzen Augenblick die Ohrenspitzen des Hasen, sein Körper war im Gras nicht zu sehen. Aus mir unerklärlichen Gründen versteckte er sich vor mir.

Als am Abend langsam die Dunkelheit hereinbrach, sah ich wieder hinaus in den Garten und runzelte verwundert die Stirn. Etwas regte sich zaghaft im Blumenbeet, ehe drei kleine Gestalten, die ich erst für kleine Kaninchen hielt, eine nach der anderen aus dem Gestrüpp krochen. Schon wollte ich mich darüber aufregen, wie es die Kaninchen schon wieder geschafft hatten, sich unter dem Zaun durchzugraben, als mir dämmerte, was ich da vor Augen hatte: Es waren drei Feldhasenjunge. Somit war die Frage nach dem Geschlecht von »Hase« geklärt und die Sorge um ihre Integration in die benachbarte Hasenpopulation hatte sich als unbegründet erwiesen.

Ich war erleichtert, dass die Aufzucht von Menschenhand offenbar weder Hases Natur noch ihr Interesse an ihren Artgenossen beeinflusst hatte. Ich fühlte mich dankbar und geehrt, dass sie beschlossen hatte, ihre Jungen in meinem Garten zu bekommen, was in gewisser Weise bewies, dass sie das Haus als ihren sicheren Hafen betrachtete. Erst hielt ich es für möglich, dass die Geburt sie überrascht hatte, doch dann las ich, dass trächtige Häsinnen – wie die meisten anderen Tiere – viel Zeit in die Suche nach einem sicheren Ort für die Niederkunft investieren, sobald der Geburtstermin naht. Damit, dass ich diese neue Phase im Leben von Hase würde mitverfolgen dürfen, hatte ich nicht gerechnet. So beschloss ich, die einmalige Gelegenheit voll auszukosten.

Einen ganzen Monat lang beobachtete ich, wie Hase ihren Nachwuchs säugte, beschützte und zurechtwies. Im ersten Morgenlicht spielten die Kleinen im Blumenbeet zwischen Lavendel- und Rosenbüschen, stolperten übereinander und knabberten vorsichtig an den Blüten. Wenn die Sonne höherstieg, verschwanden sie, jedes in seine Sasse an einer anderen Stelle im Garten. Unternahm eines der drei eigenmächtig einen Ausflug bei Tageslicht, kam die Hasenmutter böse angelaufen und stieß das ungehorsame Junge mit ausgestreckten Pfoten zurück, bis es sich wieder in sein Versteck verzogen hatte.

In der Dämmerung säugte sie ihre Jungen unter meinem Schlafzimmerfenster, denn dort war der höchste Punkt und sie konnte die Landschaft zu allen Seiten überblicken. Dafür krochen die kleinen Hasen, sobald das Licht zu schwinden begann, aus ihren getrennten Verstecken und trafen einander an einer kahlen Stelle, die von Gräsern und unzähligen, im dunklen Dämmerlicht grau wirkenden Kleeblüten umgeben war. Hase beobachtete sie fast eine halbe Stunde lang, hielt sich aber noch fern, denn sie und ihre Jungen begaben sich in eine Situation größter Gefahr, wenn sie für Fressfeinde sichtbar wurden. Kaum war eine bestimmte Veränderung der Lichtverhältnisse erreicht, die für mich nicht nachvollziehbar war, sprintete Hase hinüber und schirmte die Jungen mit ihrem Körper vollständig ab. Während sie tranken, leckte sie sie gründlich sauber. Entschlossen hielt sie dabei unablässig Ausschau nach Gefahren. Nach kürzester Zeit preschte sie wieder davon und ließ die Jungen ausgestreckt liegen.

Abgesehen von diesen kurzen Momenten, sah ich nie alle vier gemeinsam, bis der Nachwuchs etwas älter war und begann, der Mutter hinterherzulaufen. Hase schien großen Wert darauf zu legen, den Aufenthaltsort ihrer Jungen nicht zu verraten, denn sie verbrachte sehr viel Zeit entweder drinnen im Haus oder im Innenhof, wo sie zuvor seit Monaten nicht mehr gewesen war.

Das Aufziehen von Hasenjungen, wie ich nach und nach verstand, war eine rein weibliche Angelegenheit. Die meisten Bücher, die ich darüber las, gaben an, dass Feldhasen ihren Jungen wenig elterliche Pflege zukommen lassen, eine Eigenschaft die in der *Encylopaedia of Mammals* als »Elternschaft in Abwesenheit« bezeichnet wird. Solche Behauptungen deckten sich nicht im Geringsten mit den Szenen, die ich in meinem Garten beobachtete, denn Hase blieb den ganzen Tag über in der Nähe der Kleinen, stellte sicher, dass sie versteckt blieben und hielt Ausschau nach Räubern. Nicht nur einmal sah ich, wie sie furchtlos eine Schar zu nahe kommender Krähen, ihrer Größe und ihrer furchterregenden Schnäbel zum Trotz, erfolgreich von ihrem Territorium vertrieb, indem sie sich mit den Vorderbeinen voran wie ein Rammbock auf sie stürzte. Erst ganze zwei Wochen später ging sie wieder dazu über, in der Nacht den Garten zu verlassen. Bis dahin beschattete sie das Haus rund um die Uhr, und selbst wenn sie drinnen auf ihrer Bank lag, blieb sie wachsam.

In der Literatur ist der Hase das Sinnbild der Ängstlichkeit. In Shakespeares *Was ihr wollt* lesen wir von einem »recht ehrlosen, lumpigen Buben, und so feig wie ein Hase«. Der griechische Rhetor Demosthenes warnte in seiner »Rede über die Krone« davor, »das Leben eines Hasen« zu führen, »in Angst und Zittern«. Laut Äsops Fabel »Die Hasen und die Frösche« lebten Hasen »in steter Furcht vor Mensch und Tier«, sodass schon der kleinste Schatten sie in die Flucht jagte. Hase hingegen war in ihrer Rolle als Mutter zäh und mutig, und der Einsatz, den sie an den Tag legte, wenn ihren Jungen Gefahr drohte, zeugte vielmehr von Einfallsreichtum als von Vernachlässigung. Anderswo werden Hasen als leicht ablenkbar, zitternd, nervös, melancholisch und eigenwillig beschrieben. Doch auch das entsprach in keinem Fall meiner Erfahrung. Hase und ihre Jungen waren nicht feige, sie waren vorsichtig. Sie waren nicht ängstlich, sondern neugierig, lebhaft und sogar gesellig.

Einer der drei Junghasen war deutlich größer und waghalsiger als die anderen. Eines Tages kam er ins Haus spaziert, doch Hase jagte ihn unverzüglich hinaus, zurück in sein Versteck. Die beiden Kleineren, von denen eines sein Ohr nicht so recht aufstellen konnte, blieben stets zusammen. An heißen Tagen tranken die drei Unmengen an Wasser aus der Schüssel, die ich draußen für sie hinstellte. Ihr Tagesrhythmus war identisch mit jenem ihrer Mutter, was endgültig jede Sorge beilegte, dass der frühe Kontakt mit mir ihre Instinkte verwässert haben könnte. Am Morgen schliefen sie, lagen in der Sonne oder spielten. Sie entdeckten das Erdbad ihrer Mutter und sprangen pausenlos hinein und wieder hinaus. Manchmal, wenn die Junghasen versteckt waren, kamen auch Fasane auf der Durchreise dort vorbei, um ihre Federn aufzuschütteln, mit den Flügeln den Staub aufzuwirbeln und sich in der Sonne zu aalen.

Wie früher ihre Mutter, patrouillierten auch die Jungen an der Gartenmauer entlang, und der Instinkt, dort hinaufzuspringen, zeigte sich bereits, ehe ihre Beine kräftig genug waren, um den Sprung zu wagen. Aber der Tag war nicht mehr weit und irgendwann schafften sie es. Der Mutigste sprang zuerst, wenige Tage später folgten ihm die beiden anderen. In jener Nacht kamen alle drei gemeinsam zurück und überwanden die Mauer, einer nach dem anderen, flink und mühelos. Dass der Drang ihrer Mutter, hierher zurückzukehren, stark genug war, um jedes Mal über die Mauer zu springen, war für mich keine Überraschung mehr, doch dass die Kleinen eine ähnliche Verbindung zu dem Ort ihrer Geburt aufgebaut hatten, wenn ihnen doch die ganze Landschaft ringsum offenstand, verwunderte mich. Feldhasen werden fast einhellig als Einzelgänger beschrieben, doch im Laufe der folgenden Woche beobachtete ich, wie Hase und ihre Jungen jeden Tag gemeinsam über die Mauer zurückkehrten. Noch lange nachdem sie entwöhnt waren, pflegten sie weiterhin den Kontakt zueinander, im Gegensatz zu den meisten Beschreibungen über das Verhalten von Feldhasen, und kamen oft, allein oder gemeinsam, in den Garten zurück, um ein wenig zu schlafen oder zu fressen.

Irgendwann wurden die Jungen eins mit der Landschaft und kamen nicht mehr zurück. Ob sie sich noch in der Nähe aufhielten, konnte ich nicht sagen, da es unmöglich war, sie in der Ferne eindeutig zu identifizieren, auch wenn ich manchmal meinte, vielleicht den einen oder anderen an der Haltung oder einem geknickten Ohr erkannt zu haben. Wie ihre Mutter wechselten auch sie im Verlauf der Jahreszeiten das Fell, und vor allem bei männlichen Feldhasen geht man davon aus, dass sie bei Erreichen der Geschlechtsreife den Ort ihrer Geburt instinktiv verlassen, um ihre Fortpflanzungschancen zu erhöhen. Ich würde sie wahrscheinlich nie wieder sehen.

Hase hatte ihre Jungen im Geheimen geboren, sie waren nie ins Haus gekommen. Nur durch Zufall hatte ich überhaupt bemerkt, dass es sie gab und konnte durchs Fenster ab und zu einen Blick auf sie werfen. So traurig ich auch war, sie fortgehen zu sehen, hatte ich dennoch das Gefühl, dass sich ein Kreis geschlossen hatte und war froh, dass Hases Nachwuchs durch und durch wild war. Die Zeit mit ihnen war eine völlig unerwartete Erfahrung gewesen, und es ehrte mich, dass Hase entschieden hatte, ihre Jungen in meinem Garten zu bekommen. Als ich sie damals als Neugeborenes gefunden hatte, hielt ich Hase allein für nicht überlebensfähig, was sie für die ersten Wochen ihres Lebens vielleicht auch nicht war. Doch jetzt konnte ich sicher sein, dass sie alles wusste, was für ihre eigene Pflege, ihr Überleben und, wie sich gezeigt hatte, ihre Fortpflanzung vonnöten war. Alles, was sie von mir verlangte, war, keinen Schaden anzurichten, was vielleicht als Faustregel für alle wild lebenden Tiere gelten kann. Sie selbst brauchte nicht mehr als ein bisschen Platz, ein Fleckchen Sonne, in dem sie liegen konnte, und Ruhe. Als mir das klargeworden war, erschien mir ihre Gegenwart im Garten und im Haus umso wertvoller, schließlich hatte sie sich diesen Ort ausgesucht.

Auch wenn ihre Jungen nun fort waren, blieb Hase bei mir. Die letzten Wochen des Sommers verbrachte ich mit Freunden, für die mein Haus so etwas wie ein Zufluchtsort vor dem Stadtleben geworden war. Eines Tages kamen wir zufällig an einer Hecke vorbei, die vor wilden Zwetschgen regelrecht überquoll: Die dunklen, runden Früchte hatten etwa die Größe von Pflaumen und besaßen den typischen staubig-violetten Reif. Wir befüllten unsere Mützen und Taschen mit den reifen Früchten, sodass wir am Ende weit mehr nach Hause brachten, als wir essen konnten und begannen, daraus Marmelade, Coulis, Kuchen und sogar Likör herzustellen, der eine kräftige lila Farbe annahm und ebenso intensiv duftete wie schmeckte. Mir wurde klar, dass der Ertrag des Strauches nur deshalb so reichlich sein konnte, weil der Landwirt, der diesen speziellen Acker bewirtschaftete, die Hecke ungestört wachsen ließ. Die Hasendichte war in diesem Abschnitt der Hecke besonders hoch, weil es dort auch einen Streifen brachliegendes Land gab. So boten Hecke und Blühstreifen den Hasen Unterschlupf und brachten zusätzlich die vielen Früchte hervor, von denen wir uns so reichlich bedient hatten.

Im Gegensatz dazu wurden die meisten Hecken in der Umgebung mehrmals pro Jahr geschnitten, damit sie nicht zu große Schatten auf die Anbauflächen warfen oder Autofahrern die Sicht nahmen. Im Schatten von Hecken gedeihen Feldfrüchte nicht gut, daher schneiden Landwirte sie zurück, für Hasen hingegen sind sie von großem Nutzen: In ihrer Nähe wachsen Wildkräuter, die den Speiseplan der Hasen bereichern, und ihre Zweige sind nicht nur essbar, sondern bieten ihnen auch Deckung.

Die logische Konsequenz maschineller Landwirtschaft ist, dass auch Hecken mithilfe von Traktoren geschnitten werden, auf die jeweils eine ganze Batterie hochtourig rotierender Schneidemesser montiert ist. Mit solchem Gerät wird eine Hecke in Sekundenschnelle geschreddert und auf eine uniforme Höhe eingekürzt. Es hinterlässt Tausende zerfaserte Zweige, die aussehen, als wären sie nicht geschnitten worden, sondern regelrecht explodiert. Das Ergebnis einer solchen Behandlung sind geschwächte und kahle Heckensträucher, die lauter Lücken aufweisen und alle Beeren, Nüsse oder Hagebutten verloren haben, die den Vögeln durch den Winter helfen. Wildtiere finden in solchen Hecken durch den Wegfall des verstrickten Geästs weniger Schutz.

Ein weiterer Grund, warum so viele Hecken radikal zurück- oder gleich ganz umgeschnitten werden, ist die heute gängige Praxis, Felder bis an den äußersten Rand hinaus umzupflügen, um so jeden Zentimeter Agrarland optimal auszunutzen. Als Folge verschwinden auch die nicht bewirtschafteten Gras- oder Wildblumenstreifen, die den Feldhasen als Verbindungswege dienen und eine wichtige Ressource für die Artenvielfalt bei Pflanzen darstellen.

Auf alten Karten dieser Gegend ist zu sehen, dass mehrere Heckenreihen verschwunden sind, um größere Ackerflächen zu schaffen. Nachdem ich die Erlaubnis der Eigentümer des angrenzenden Grundstücks eingeholt hatte, verlängerte ich in diesem Sommer die Hecke hinter meinem Haus, indem ich beinahe tausend Setzlinge in einer ordentlichen Doppelreihe bis hinunter zur Straße einpflanzte. Ich hatte eine Mischung aus heimischen Gehölzen gewählt, die an die lokalen Witterungsbedingungen angepasst sind: Weißdorn, Schlehdorn, Feldahorn, Eiche, Hasel und Heckenrose. An der Basis war jedes Pflänzchen mit einem durchsichtigen Baumschutz umwickelt, um es vor den Nagezähnen von Kaninchen – oder Feldhasen – zu schützen, doch alles andere überließ ich der Natur. In zehn Jahren würde man die Hecke dann per Hand verdichten können, indem jeder Stamm knapp über dem Boden angeschnitten (aber nicht ganz durchgeschnitten), danach seitlich gebogen und am Boden befestigt wird. So entsteht eine horizontale Struktur, aus der unzählige neue Seitentriebe sprießen und die mit der Zeit zu einem natürlichen Windschutz heranwächst. Ein zukünftiges Zuhause für Siebenschläfer, Igel und Insekten, ein ausreichend feuchter Platz für Pilze und Flechten, und eine reiche Futterquelle für Singvögel. Ungefähr alle sechs Meter pflanzten wir ein größeres Exemplar, das im Gegensatz zum Rest der Hecke zu einem hohen, ausladenden Baum heranwachsen durfte. Zusätzlich pflanzte ich zwischen die bestehenden, recht mitgenommenen Hecken Eichen-, Spindel- und Ahornsetzlinge. Ich war glücklich, schrittweise einen Beitrag zur Verbesserung dieses Lebensraumes beitragen zu können, was mir ohne Hase vielleicht niemals in den Sinn gekommen wäre.

Im Zuge dieser Arbeiten erfuhr ich auch mehr über die Umgebung, zum Beispiel dass es in der Nähe einen Teich gegeben hatte, in dem früher Arbeitspferde und Nutztiere getränkt wurden. Eine steile, nach unten hin flach auslaufende Böschung verriet immer noch dessen früheren Standort, der Teich selbst war jedoch mit den Jahren verschlammt. Vielerorts wurden diese Teiche, als die Ära der Zugpferde zu Ende ging und der Traktor Einzug hielt, aktiv zugeschüttet, um mehr Ackerfläche zu schaffen. Wir hingegen schürften mit einem Bagger den Schlamm aus der Mulde, stellten den Teich wieder her und stapelten am Rand Steine und Baumstämme auf, damit sich dort Teichmolche ansiedeln konnten. Das Loch, das im ersten Moment enttäuschend schlammig und verlassen aussah, lief jedoch nach und nach voll, und ehe man sich's versah, stand es voller Wasser, das sich an der Oberfläche im Wind kräuselte. Die Ufer erblühten mit lila Kornblumen und zogen Rehe und andere Wildtiere an.

Jede Entscheidung hatte jedoch auch eine Kehrseite, das wusste ich mittlerweile, denn die Hecke würde einerseits Singvögeln Unterschlupf bieten, aber eben auch den Raubvögeln, die sie verspeisten. Igel würden im Schutz der Zweige entlanghuschen, aber auch Hermeline und Wiesel, die Jagd auf kleine Hasen machten.

Unter den Obstbäumen neben dem Haus setzte ich in einer Reihe um die hundert Lavendelpflänzchen ein, um Bienen anzulocken, außerdem versuchte ich, zusätzliche Bäume in meinem Garten anzusiedeln. Doch hier kollidierte mein Wunsch mit der Realität eines verdichteten Kreidebodens, in dem sich permanent Staunässe bildete und der mehrere Pflanzen innerhalb weniger Wochen killte. Die kniehohen Fichtensetzlinge, die ich Seite an Seite eingepflanzt hatte, verdorrten vor meinen Augen zu totem Holz, ihre leblosen Nadeln nur ein trauriges Echo des saftig grünen Sprießens, das ich mir erhofft hatte. Einen unerwarteten Effekt hatte die Sache jedoch: Hase fand dort einen neuen Unterschlupf. Sie legte sich an den Stamm eines toten Jungbaums und nutzte die trockenen Nadeln zur Tarnung. Oder sie saß unmittelbar dahinter, sodass ihr schlanker Körper nicht zu sehen war und nur je ein Ohr auf jeder Seite des Stammes hervorragte.

Ich siedelte nicht nur neue Pflanzen an, sondern lernte auch, was ich besser in Ruhe wachsen lassen sollte: Zum Beispiel die Brennnesseln hinter der Mauer – zu meiner Schande muss ich gestehen, dass ich sie zuvor jeden Sommer gemäht hatte – sind lebenswichtig für Schmetterlingsarten wie Admiral, Pfauenauge und Distelfalter, die auf den Blättern ihre Eier ablegen, damit sich die Raupen später davon ernähren können. Das hohe Gras hinter dem Haus, das den Junghasen so vorzüglich als Versteck gedient hatte, wurde nun zum Anziehungspunkt für Stieglitze, die auf der weiten Flur irgendwie den Weg in dieses ungestörte Fleckchen Erde, das so reich an Samen und Insekten war, gefunden hatten. Ich beschloss, es gar nicht mehr zu schneiden und bemerkte, dass Klee und Löwenzahn, die sonst dem Mäher zum Opfer fielen, auch für Hase eine reiche Futterquelle darstellten. Selbst Disteln fraß sie ohne ersichtliches Unbehagen.

Hase ging nun auf ihren zweiten Winter zu. Immer noch kam sie fast jeden Tag verlässlich an meine Tür, ihre Bindung zu mir und meinem Haus schien also weiterhin Bestand zu haben. Jene seltenen Male, die ich zu spät kam, um ihr zu öffnen, saß sie bereits seit

Stunden geduldig wartend neben der Tür. Doch als die Welt da draußen sich langsam wieder öffnete, wurde es von Tag zu Tag schwerer, meinen Aufbruch nach London weiter hinauszuzögern, und es war klar, dass ich dann nicht garantieren konnte, rechtzeitig da zu sein, wenn sie am Nachmittag und in der Morgendämmerung nach Hause kam. Ich brauchte eine dauerhafte Lösung. Andernfalls hätte ich mich entscheiden müssen, eines von beiden aufzugeben: die Arbeit oder den Hasen. Ersteres ging nicht, und zweiteres wollte ich mir gar nicht erst vorstellen.

Ich hatte nicht mehr das Gefühl, meine Zuneigung zu Hase herunterspielen zu müssen. Die Leute, die mich gut kannten, hatten mich gnadenlos damit aufgezogen, dass ich mein Leben einem Wildtier unterordnete, und noch dazu einem Hasen! Einem so gewöhnlichen Tier! Dem Titelhelden aus Bilderbüchern, klein, braun und noch nicht einmal ein richtiges Haustier. Trotz allem schaffte Hase es, mich noch eine Weile länger festzuhalten, denn ich hatte das diffuse Gefühl, dass unser Abenteuer noch nicht ganz zu Ende war. Und nicht nur mich beeinflusste sie mit ihrer Anmut und besonderen Art, sondern nach und nach auch andere.

Der Zimmermann, den ich schon einmal um Rat gefragt hatte, war bereit, ein zweites Mal vorbeizukommen, und diesmal setzte er sich in den Kopf, das Problem zu lösen. Er baute eine perfekte, hasengroße Tür in die Glasscheibe, voll ausgestattet mit Riegel,

Scharnieren und Regenschutzschiene. Bald schon sollte sich der Schritt auf eine Weise bezahlt machen, die ich niemals vorhergesehen hätte.

10.
Ultimativer Vertrauensbeweis

Der Hase liebt seine Kinder außerordentlich. Er fürchtet deshalb die Nachstellungen der Jäger und die Überfälle der Füchse, nicht weniger auch die der Vögel, am meisten aber die Stimmen der Raben und Adler, denn mit diesem Geflügel hat er keinen Frieden.

Aelian, *De natura animalium*

Als ich die durchgenagten Enden des Routerkabels in Händen hielt, war ich ausnahmsweise sauer auf Hase. Ich warf ihr einen entsprechenden

Blick zu, doch sie saß nur da, putzte sich die Schnauze und inspizierte ihre Vorderpfoten, ein Bild der Ruhe und Gelassenheit. Die abgeknabberten Kupferdrähte stachen in meine Fingerkuppen wie feine Nadeln. *Was hatten sie wohl in ihrem Mund angerichtet?*, fragte ich mich. Mein Blick wanderte zur gegenüberliegenden Zimmerseite, wo an der Wand der Fernseher angebracht war. Ich seufzte. Das TV-Kabel hatte sie ebenfalls durchgebissen.

Es war Ende April und Hase war jetzt etwas über zwei Jahre alt. Zwei Nächte hintereinander hatte sie, anstatt hinaus in die Felder zu verschwinden, in einer Art »Feenring« aus ausgebleichtem Moos geschlafen, der sich inmitten eines hohen Grasbüschels im Garten gebildet hatte. Ich sah ihr zu, wie sie auf diesem samtig-weichen Bett lag, reglos wie eine Sphinx, und in die sinkende Sonne blickte, bis die Dunkelheit hereinbrach. Im Morgenlicht saß sie in der exakt selben Position, nur diesmal der aufgehenden Sonne zugewandt. Etwas Unheimliches, beinahe Mystisches umgab ihr stilles Verhalten, das mir, selbst an ihrer üblichen Gelassenheit gemessen, etwas merkwürdig vorkam. Untertags sah ich sie in der Hitze unter dem Küchenfenster liegen, ihr Brustkorb hob und senkte sich schnell. Ganz ohne Deckung ruhte sie auf dem Kies in der Sonne und schmiegte den Kopf an die Pfoten. Sie hatte sich wieder angewöhnt, vormittags oben in meinem Schlafzimmer zu schlafen, was sie nicht mehr getan hatte, seitdem sie klein gewesen war.

Herabhängende Kabel zu durchbeißen, schien ein Bestandteil ihrer neuen, seltsamen Gemütslage zu sein.

Während ich Kisten und Schubladen nach einem Ersatzkabel durchwühlte, streunte Hase draußen herum. Sie ließ den Vormittag verstreichen, indem sie an der Hausmauer in der Sonne döste. Doch kurz nach Mittag sah ich sie vor der Glastür zum Wohnzimmer, wie sie die Nase an die Scheibe drückte und wartete, hereingelassen zu werden. Ich bückte mich hinunter und machte ihr Türchen auf. Noch ehe ich ein Holzscheit in die Tür befördern konnte, um sie offen zu halten, war Hase an mir vorbeigeeilt. Ohne mich oder ihren Futternapf eines Blickes würdigen, hastete sie ins Büro. Danach hörte ich auf der Treppe ihre leisen Fußtritte auf dem Weg in mein Schlafzimmer und ein Trippeln auf dem Teppichboden, bevor sie die Stufen wieder hinuntersprang. *Irgendwie komisch*, dachte ich. Sie fraß sonst immer, bevor sie sich hinlegte, außerdem wirkte sie ungewöhnlich hektisch. Etwas später, als ich ins Büro ging, um mir ein Buch zu holen, blieb ich wie angewurzelt stehen. Für den Bruchteil einer Sekunde sah ich einen weißen Schwanz hinter dem Vorhang bei meinem Schreibtisch aufblitzen. Der Stoff, der in geschwungenen Bahnen bis hinunter zum Teppichboden reichte, erzitterte leicht. *Also das ist nun wirklich komisch*, dachte ich. Seit sie aus dem Kindesalter heraus war, hatte Hase kein einziges Mal mehr an einem Ort ohne vollen Überblick auf die Umgebung geschlafen.

Ich beobachtete sie eine Zeitlang, um sicher zu gehen, dass sie nicht spielen wollte, sondern sich tatsächlich versteckte, und zog mich dann zurück, während ich mich fragte, ob sie vielleicht krank war oder vor irgendetwas im Garten Angst bekommen hatte. Ich ließ sie allein, schaute allerdings ab und zu von außen durchs Fenster hinein, so unauffällig wie möglich. Der Vorhang zitterte ein wenig, ansonsten gab es nichts, was ihre Anwesenheit verriet. Kurz vor drei Uhr nachmittags sah ich sie in dem schmalen Spalt zwischen dem Vorhang und dem Bücherregal ganz an die Wand gedrückt sitzen. Sie schnüffelte an etwas bei ihren Pfoten.

Wenig später verließ Hase das Haus und begann, sich draußen, unmittelbar vor der Tür, ausgiebig zu putzen. Dann bahnte sie sich flink einen Weg mitten in den Salbeistrauch und rupfte wie ausgehungert die jungen, grünen Blätter ab. Während ich noch überlegte, was sie wohl als nächstes tun würde, sprang sie in langen Sätzen zum Ende der Hecke bei den Obstbäumen und verschwand in dem dichten Gebüsch, bis ich sie nicht mehr sehen konnte.

Ich wartete noch, bis sie zur Ruhe gekommen war, dann ging ich leise ins Büro. Der Vorhang hing absolut reglos und gerade herab wie eh und je, ohne sichtbare Ausbuchtungen oder Falten. Ich hielt den Atem an, dann zog ich ihn ein paar Zentimeter von der Wand weg und sah dahinter.

Dort lagen, eng aneinandergedrückt, zwei Hasenjunge, mit dunklem, schokofarbenem Fell und unendlich tiefen, schwarzen Augen. Ihre Schnauzen zeigten zur Wand, die Ohren lagen eng angelegt auf dem Rücken. Keines der beiden Jungen trug den weißen Fleck auf der Stirn (was die Theorie widerlegt, Hasengeschwister hätten stets dieses gemeinsame Merkmal), doch abgesehen davon waren sie ein exaktes Ebenbild ihrer Mutter. Der Boden, auf dem sie lagen, sah staubtrocken aus, keine Spur von Blut oder einer Nachgeburt, die auf dem hellen Teppich hätte Flecken hinterlassen können. Die Kleinen waren makellos sauber und ihr Fell stand wie ein dichter Schutzmantel von ihren stämmigen kleinen Körpern ab. Mit einem Kribbeln im Bauch ließ ich den Vorhang zurückgleiten.

Erst am Abend zuvor hatte ich beim Spazierengehen zu einer Freundin gesagt, dass ein Junghase, der in seiner Sasse hockte, sich sehr wahrscheinlich nicht bewegen oder weglaufen würde, selbst wenn wir nur im Abstand von wenigen Zentimetern daran vorbeigingen. Daher würde ich in meinem Leben wohl nie wieder einen neugeborenen Feldhasen sehen, sagte ich. Und jetzt hatte ich gleich zwei davon in meinem Haus.

Nun war klar, warum sich Hase in den vergangenen Tagen so seltsam verhalten hatte, glauben konnte ich es aber immer noch nicht so recht. Als Hase letztes Jahr Junge bekommen hatte, entdeckte ich sie erst, als sie schon zwei Wochen alt waren und so abenteuerlustig, dass man sie untertags im Garten sah. Diesmal hatte Hase beschlossen, die Jungen im Haus auf die Welt zu bringen, hinter dem Stuhl, auf dem ich jeden Tag bei der Arbeit saß.

Aus meinen Nachforschungen wusste ich, dass eine Häsin im Durchschnitt acht Junge pro Jahr gebiert. Diese Fruchtbarkeitsrate bleibt bestehen, bis sie etwa vier bis sechs Jahre alt ist, wenn sie überhaupt so lange lebt. Bei Hase wusste ich nun von zwei Würfen: die drei Jungen im letzten Jahr und diese beiden neuen Frühlingskinder.

Leise schlich ich aus dem Zimmer. Das Vertrauen, das Hase mir entgegengebracht hatte, überwältigte mich. Sie hatte ihre Jungen in absoluter Abgeschiedenheit und Stille geboren. Sie hatte sie gefüttert und versteckt, dann war sie fortgegangen, darauf vertrauend, dass sie bei mir gut aufgehoben waren. Und doch konnte ich nicht mit Sicherheit sagen, ob es normal war, dass sie fortgegangen war und machte mir Sorgen, dass sie nicht wiederkommen könnte, um sie zu füttern.

Wenig später bemerkte ich ein weiteres besorgniserregendes Detail: Neben einem Paar cremeweißer Pfoten, die gebogen waren wie winzige Halbmonde und ein kleines Stück hinter dem Vorhang hervorragten, sah ich noch eine weitere, einzelne Pfote, die mit der Sohle nach oben zeigte und deren Zehen – schon mit winzigen Krallen ausgestattet – sich wie eine geballte Faust nach innen bogen. *Das ist doch ein Hinterbein,* dachte ich. *Es sollte definitiv nicht so nach oben zeigen*. Ich zog den Vorhang zurück und sah, dass das größere der beiden Hasenjungen bäuchlings dalag, mit gerade ausgestreckten Hinterläufen. *Was stimmte damit nicht?*, überlegte ich. *Ist es vielleicht gelähmt? Wie soll es dann überleben?*

Ich musste daran denken, wie ich um das Leben von Hase bangte, als sie noch ganz klein war, und spürte, wie dasselbe Gefühl erneut aus meinem Innersten hochstieg. Eine Sekunde lang wünschte ich, Hase hätte ihre Jungen draußen im Garten geboren und ich hätte von der kurzen Existenz des Jungen, dessen Schicksal vielleicht jetzt schon besiegelt war, niemals erfahren. Ich sah durchs Fenster hinaus zur Hasenmutter, die friedlich in der Hecke lag, und fragte mich, ob sie die Missbildung bemerkt hatte. Würde sie das Hasenjunge zurücklassen, wenn es nicht mit dem anderen mithalten konnte? Und wenn ja, was sollte ich dann tun? Welche Zukunft gab es für einen Feldhasen, der nicht rennen konnte?

Ich wusch mir die Hände und tunkte die Finger in den Milchersatz, den ich für die Flaschenfütterung von Hase benutzt hatte, als sie ein Neugeborenes war, damit der Geruch, falls ich irgendwelche Spuren hinterließ, für sie zumindest ein gewohnter war. Ich zog vorsichtig den Vorhang beiseite und hob den kleinen Hasen auf, um seine Hinterbeine zu untersuchen. Vor Aufregung gab er immer wieder dieses sanfte, warnende Geräusch von sich, das wie ein herzerweichendes, leises Prusten klang, doch er schien keine Schmerzen zu haben. Ich versuchte sachte, seine Beinchen zu beugen und unter den Körper zu schieben, bevor ich ihn auf dem Teppich absetzte. Doch als ich später wieder ins Zimmer schaute, sah ich, dass beide Hinterläufe wieder in dieselbe unnatürliche Position zurückgesprungen waren. Ich sah ein, dass mir nichts übrig blieb, als auf die Natur zu vertrauen.

Den ganzen restlichen Tag lagen die kleinen Hasen in ihrem Versteck, während ich im Haus herumlief. Mehr als die Pfotenspitzen war von ihnen nicht zu sehen. Ich fragte mich, wie sich die Mutter nun weiter verhalten würde. Ich rechnete sogar mit der Möglichkeit, dass sie aggressiv reagieren würde, wenn ich unabsichtlich zwischen sie und ihre Jungen geriet, oder mir gegenüber grundsätzlich misstrauischer sein würde.

Bereits vor Einbruch der Dunkelheit, als Hase wieder ins Haus geschlichen kam, erhielt ich meine Antwort. Sie lief in der Küche unmittelbar auf mich zu, stellte sich auf die Hinterbeine und klopfte mir mit ihren federleichten Pfoten auf die Oberschenkel. Ich hockte mich hinunter und sie lehnte sich seitlich an mich. Noch eine ganze Weile blieb sie bei mir, ehe sie sich entfernte und einmal mehr ihren zarten Ruf ertönen ließ. Was genau dieses süße Geräusch zu bedeuten hatte, wusste ich noch immer nicht. Es heißt, Feldhasen kreischen und knirschen mit den Zähnen, wenn sie verletzt sind, und bei der Paarung sollen sie angeblich fauchen. Kanadische Schneeschuhhasen sind für das Klickgeräusch bekannt, das sie während der Paarungssaison von sich geben und später benutzen, um ihre Jungen zu rufen, das hatte aber rein gar nichts mit dem Geräusch zu tun, das ich bei Hase hörte. Keine Beschreibung, die ich bisher gelesen hatte, kam an den zarten Ton heran, den sie schon damals als Babyhase erzeugte, wenn ich sie aus der Hand fütterte, bis heute, nachdem sie mehrmals selbst Mutter geworden war.

Nach Einbruch der Dunkelheit lag Hase unter ihrem Lieblingspflaumenbaum, mit dem Gesicht, wie immer, in Richtung der untergehenden Sonne. Ich ließ die Tür für sie offen, stieg mit vorsichtigen Schritten die Treppe hinauf ins Schlafzimmer, in dem Wissen, dass sich die kleinen Hasen in dem Zimmer direkt unter mir versteckten. Am Morgen sah ich auf der Kameraaufzeichnung, dass Hase ihre Jungen in der Nacht drei Mal gesäugt hatte: um zehn Uhr abends, um zwei Uhr und um fünf Uhr morgens, als es schon hell war. Die Fütterungsintervalle waren also wesentlich kürzer, als die Studien, die ich gelesen hatte, behaupteten: Dort hieß es, dass Häsinnen ihre Jungen nur ein Mal innerhalb von vierundzwanzig Stunden säugen, immer nach Sonnenuntergang. Jedes Mal, wenn Hase sich dem Vorhang näherte, ging sie sehr bedacht vor und schnüffelte aufmerksam. Die Jungen stolperten heraus, sobald sie sie bemerkten, wobei der größere sich an den Vorderpfoten voranzog und die Hinterläufe nachschleifte, wie eine frisch geschlüpfte Schildkröte.

Beim Säugen saß Hase auf dem Hinterteil, neigte den Oberkörper im Winkel von 45 Grad nach vorne und spreizte die Vorderbeine weit auseinander, um mit dem Oberkörper eine Art Schutzzelt zu bilden, das sich um ihre Jungen legte. In ihrem Eifer, sich näher an die Mutter heranzudrücken, kletterten die Kleinen übereinander und drückten die winzigen Pfoten gegen ihre Brust. Wenn dann die warme Milch in ihre hungrigen Mäuler floss, gaben die Beinchen immer mehr nach, bis die Jungen zu einem Häufchen zusammengesunken waren und die Mutter sich zum Putzen über sie beugen konnte, während die Hinterläufe der Jungen sachte durch die Luft ruderten. Danach zog sich Hase ohne Vorwarnung zurück und ließ ihren zappelnden Nachwuchs – wohlig, benommen und satt – auf dem Teppich liegen. Nach einer kurzen Erholungsphase stieß sie die Junghasen in ihr Versteck zurück und rückte den Vorhang mit den Pfoten an der Wand zurecht.

Zu guter Letzt raute sie in einer kreisförmigen Bewegung den umliegenden Teppich auf, als wollte sie ihre Spuren verwischen oder rund um die Sasse einen Wall aus imaginärem Gras oder Erde aufhäufen, um deren Geruch zu verdecken. Dazu setzte sie ebenfalls ihre langen Vorderläufe ein, erst den einen, dann den anderen, in einer besonders ruhigen, bedächtigen Weise. Die Leichtigkeit und Eleganz dieser Geste stand im krassen Gegensatz zu dem lauten Kratzgeräusch, das ihre Krallen auf dem Teppichboden verursachten, was einmal mehr zeigte, wie stark und drahtig diese dünnen Beine waren. Sobald sie fertig war, sprang sie mit einem Satz etwa einen Meter weit zur Seite, wie um die Spur, die zu der Sasse führte, zu unterbrechen. Am nächsten Morgen fiel mir auf, dass sie auch ein paar mikroskopisch kleine Hinterlassenschaften, die ich nach der Geburt auf dem Teppich gesehen hatte, aufgesammelt (und vermutlich gefressen) hatte. All diese Verhaltensweisen hatte ich bei ihrem ersten Wurf nicht beobachten dürfen.

Am nächsten Tag behielt ich meine Scharade bei und tat so, als gäbe es da keine Hasen in meinem Büro, lächelte jedoch stets in mich hinein, wenn ich einen Blick auf ihre staubgrauen Vorderpfoten erhaschte. Das erinnerte mich daran, wie wir Kinder früher Verstecken gespielt hatten und, obwohl wir längst wussten, wo sich jemand versteckt hatte, mit gespielter Verzweiflung vorgaben, ihn nicht zu finden. Solange ich die Hasenjungen ignorierte, konnten Hase und ich beide den Schein wahren und so tun, als wären sie unsichtbar.

Ich staunte, wie stark der Instinkt der Jungen war, in ihrem Versteck zu bleiben. Wir glauben immer, dass junge Lebewesen zwangsläufig ungestüm und unkontrollierbar sind. Doch die Lektionen, die diese Tiere über die Jahrtausende hinweg gelernt haben, um zu überleben, sorgten auch jetzt dafür, dass die verletzlichen Kleinen sich nicht von der Stelle rührten, selbst in der so fremden Umgebung eines Hauses und zu einer Jahreszeit mit sechzehn Stunden Tageslicht. Hase hielt sich stets in der Nähe des Hauses auf, knabberte am Salbeistrauch und ruhte auf ihrer Bank. Es schien sie nicht weiter zu stören, dass ich in dem Zimmer, in dem ihre Jungen lagen, ein und aus ging. So überschritten wir eine weitere Schwelle in unserer Beziehung zwischen Mensch und Tier: Was genau sie von mir hielt, weiß ich nicht, doch sie ließ mich vertrauensvoll in die Nähe ihrer Jungen.

Dennoch beeilte ich mich, abends noch vor Einbruch der Dunkelheit nach oben ins Bett zu kommen, um ihre Abendroutine nicht zu stören, schließlich mussten die Jungen gesäugt werden, damit sie nicht verhungerten. Ich sah auf den Kamerabildern, wie die beiden vorsichtig hinter dem Vorhang hervorkrochen und dann nebeneinander sitzend auf ihre Mutter warteten. Mit wippenden Köpfen und steif aufgestellten Ohren blickten sie in die finstere Nacht. Um exakt zehn Uhr traf Hase ein und säugte sie wie in der Nacht zuvor, doch diesmal schien sie nichts dagegen zu haben, dass die beiden danach das Büro erkundeten, was sie auch ausgiebig taten, selbst wenn sie sich nur wankend auf den Beinen halten konnten. Das größere Hasenjunge bewegte sich ungleichförmig, weil seine Hinterbeine manchmal unter dem Körper zusammensackten, oder es robbte einfach voran. Es schien schnell müde zu werden und fiel dann zu einem kleinen Häuflein zusammen, während das kleinere, energiegeladenere Geschwisterchen flink im Zimmer umherhuschte. Im Gegensatz zur Nacht davor verbrachte Hase diesmal fast die ganze Zeit im Haus, nur gegen vier verschwand sie für eine Stunde, kehrte jedoch für die Morgenvisite und die abschließende Fütterung der Jungen zurück.

Am nächsten Morgen konnte ich die Hasenkinder nicht finden. Ich durchsuchte leise das ganze Zimmer, bis ich den größeren der beiden unter einem Heizkörper entdeckte – völlig unsichtbar, wenn man sich nicht hinunter auf den Boden begab. Das Junge hatte sich flach gemacht und die Hinterbeine ausgestreckt, um sich in den schmalen Zwischenraum quetschen zu können. Das zweite Hasenjunge war noch schwieriger zu finden, doch schließlich stöberte ich es in dem Spalt zwischen Bürotür und Zimmerwand auf, in dem sich auch seine Mutter schon gerne versteckt hatte. Es hatte sich seinen Weg bis nach vorne zur Türangel gebahnt, bis es nicht mehr weiterging. Als ich von der anderen Seite hineinlugte, sah ich ein einzelnes dunkles Auge, das mich fixierte und geradezu riesig war im Vergleich zu dem zierlichen, schokoladenbraunen Körper. So lagen beide Hasenkinder den ganzen Tag in ihren Verstecken, ohne einen Mucks.

Ich war gerührt, dass Hase meine Anwesenheit in der Nähe ihrer Jungen nicht störte. An diesem Morgen spielte sie sogar ein altes, vertrautes Spiel mit mir: Nachdem sie ihre Haferflocken und die Birne gefressen hatte, wartete sie draußen im Hof auf mich, dann trat ich hinaus, setzte mich auf die Hintertreppe und rief nach ihr. Sie sprang herbei, flitzte um meine Füße herum und machte sich dann auf in Richtung Gartentor, jedoch nicht, ohne sich immer wieder zu mir umzudrehen. Dort angekommen forderte sie mich auf, das Tor zu öffnen und wartete geduldig, bis ich dem nachgekommen war. Es war das erste Mal seit fast einer Woche, dass sie wohl einen Ausflug außerhalb des Gartens geplant hatte. Also schlüpfte sie durch das Tor und schnüffelte an der Erde, als wollte sie den speziellen Duft des Tages in sich aufsaugen, bevor sie federnd und springend den Weg hinauflief. Es war ein stiller, in Sonnenlicht getauchter Morgen – der Erste Mai – und Hase schien vor Freude regelrechte Luftsprünge zu machen, die schiere Kraft und Vitalität ihres Körpers genießend. Ich sah zu, wie sie einmal den gesamten Gartenzaun umkreiste, dann zurück über die Gartenmauer sprang, einmal an meinen Füßen vorbeischoss und wieder zum Gartentor hinaussauste. Als sie genug hatte, kam sie zurück und legte sich im Haus zum Schlafen hin.

In dieser Nacht – es war die dritte, seit die Jungen auf der Welt waren – kam es zu einem Schreckmoment. Die jungen Hasen krochen um acht Uhr aus ihren Verstecken, just als das Tageslicht schwächer wurde. Um neun Uhr dreißig waren sie bereits so nahe zusammengerückt, dass ihre Körper und Nasen einander berührten, und warteten Seite an Seite auf ihre Mutter. Diese tauchte um Punkt zehn Uhr auf und unterzog den Raum einer eingehenden Prüfung, ehe sie sich zum Säugen zu den Junghasen begab. Als sie danach mit einem Satz fortsprang, strandete eines der beiden Jungen auf dem Rücken und fuchtelte in dem Versuch, sich aufzurichten, mit den Pfoten durch die Luft. Hase blieb nicht weit entfernt oben an der Treppe stehen, blickte aber in die andere Richtung, aus der eine potenzielle Gefahr kommen konnte. Vielleicht bemerkte sie deshalb nicht, wie das kleinere der beiden Jungen zu ihr hin trottete, an dem glatten Rand der hölzernen Treppe schnüffelte und prompt hinunterkippte. Mit dem Gesicht voraus landete es auf der Stufe darunter. Da lag es nun ganz verlassen und schaffte es nicht, auf dem rutschigen Untergrund Halt zu finden und zurück hinauf ins Büro zu hüpfen, ohne dabei zu riskieren, gleich auch noch die restlichen Stufen ins Wohnzimmer hinunterzufallen. Da sprang Hase zu ihm herunter und setzte sich neben es, um aufzupassen. Ich zögerte, weil ich nicht sicher war, ob ich helfen sollte und riskieren, dass Hase sich erschreckte oder das Kleine über die nächste Stufe sprang. Doch ich beschloss, dass ich es versuchen musste und setzte mich langsam in Bewegung, während ich die Mutterhäsin leise rief. Zu meiner Überraschung kam sie sofort auf mich zugelaufen und tappte mit der Pfote auf mein Bein. Während ich mich der Stelle näherte, wo das Kleine mit weit auseinander gespreizten Vorderpfoten der Länge nach lag, das Kinn hilflos auf die Treppenstufe gestützt, folgte Hase mir hinterher. Sie schnüffelte an meinen Händen, als ich mich hinunterbeugte, das Kleine sachte aufhob und zurück auf den Teppichboden im Büro setzte, wonach es wie der Blitz in der Dunkelheit verschwand. Hase saß an meiner Seite, als ich den Durchgang mit einigen Kissen verbarrikadierte, um solche Unfälle zumindest für die nächsten paar Nächte zu vermeiden, bis die Häschen groß genug waren, um die Treppen allein zu bewältigen.

Für den Rest der Nacht hielt sie Wache, besuchte ihre Jungen mehrmals in den unterschiedlichen Ecken des Raumes und berührte sie mit der Nase, bevor sie wieder hinaus in den Garten huschte. Dass sie sie im Maul herumgetragen hätte, wie man es manchmal über Hasen liest, konnte ich nie beobachten. Ihren Rhythmus behielt sie jedenfalls bei, wodurch die kleinen Hasen Schritt für Schritt kräftiger wurden. Ich durfte mit ansehen, wie das Schwächere der beiden langsam die Kontrolle über seine Beine erlangte und irgendwann in der Lage war, mit seinem kleineren Geschwisterchen mitzuhalten. Nach einer Woche waren die kleinen Hasen immer noch im Haus. Ich wartete darauf, dass Hase sie eines Nachts nach draußen führen würde und hoffte, es würde bald geschehen, damit sie die Chance bekämen, sich an das Leben in der Wildnis zu gewöhnen.

11. Zwei Jahre alt: Staunen

Eh' ich schildre, wie die Jagd des Hasen zu erfolgen hat, ist klarzustellen, dass er der König unter dem Wild ist ... gewiss das wunderbarste Tier auf Erden.

Edward von Norwich, *The Master of Game*, 1406

Abend für Abend kamen die Hasenjungen ein wenig früher aus ihren Verstecken, um den Raum zu erforschen, was sie in kurzen, noch wackeligen Geschwindigkeitsschüben taten, flugs von einem Unterschlupf in den nächsten, wie winzige Marschkommandos, mit stets aufmerksam lauschenden Ohren. Irgendwann trafen sie dann mitten auf dem Teppich zusammen, dicht gedrängt, des einen Nase unter dem Kinn des anderen. Sie leckten einander ab, rückten noch enger zusammen, die Minuten verstrichen in quälender Langsamkeit. Selbst ich war erleichtert, wenn Hase schließlich ohne ein Geräusch, wie aus dem Nichts, auftauchte und die Hasenjungen auf sie zulaufen konnten. Sie hatte die Routine, sie mehrmals pro Nacht zu säugen, beibehalten, in der ersten Woche noch dreimal, mittlerweile nur noch zweimal pro Nacht.

Nach der letzten Fütterung im Morgengrauen schubste Hase sie mit ihrer breiten, weichen Nase zurück in die Verstecke und ging ins Nebenzimmer, um auf ihrer Bank zu schlafen, während die Jungen sich im Verborgenen hielten. Der Garten draußen war von Sonnenlicht geflutet. Es war ein trockener Frühling, Regen hatte es seit Wochen nicht mehr gegeben. Mittags stand Hase auf, dehnte ausgiebig und genüsslich ihre Wirbelsäule, bis der schlanke, elastische Körper an den Flanken wie ein Halbkreis durchgebogen war. Schließlich sprang sie nach draußen.

Zum ersten Mal seit der Geburt der jungen Hasen sah ich die Mutter auf die Gartenmauer springen. Sie saß am höchsten Punkt des groben Steinwalls und nahm sich noch etwas Zeit zum Studieren des Feldes, indem sie forschend die Ohren nach vorne reckte und mit den Nasenlöchern flatterte, ehe sie sich beruhigt ins hohe Gras fallen ließ. Im Feld wimmelte es vor Hasen, die reihenweise den Weibchen ihrer Wahl nachjagten.

Wie es den Anschein machte, hielt Hase es nicht mehr für nötig, so nahe am Haus zu bleiben, oder sie folgte anderen Bedürfnissen. Dennoch trugen sie ihre starken Beine zu den gewohnten Zeiten zurück ins Haus. In der Dunkelheit wirkte sie wie ein anderes Wesen. Mit ihrem hoch erhobenen Kopf, den sehnigen Gliedmaßen, den majestätischen Ohren und dem kräftigen Körper, der den Jungen Schutz und Nahrung bot, stellte sie sich über sie und muss ihnen dabei – wie auch mir – fast wie eine mythische Gestalt erschienen sein. Kaum zu glauben, dass ihr Nachwuchs in wenigen Monaten schon fast so groß sein würde wie sie.

Laut einer Studie, die mir während meiner Recherchen unterkam, lag die Ohrenlänge eines neugeborenen Feldhasen bei durchschnittlich 35 Millimetern, um schließlich beim erwachsenen Tier bis zu 14 Zentimeter zu erreichen. Mir kam der Gedanke, dass die vielen Stunden, die sie täglich in ihrem Unterschlupf verbrachten, vielleicht auch für das Wachstum der Ohren notwendig waren, nicht nur zum Schutz vor Raubtieren.

Als ich am nächsten Tag an meinem Schreibtisch saß und arbeitete, sah ich die hellgrauen Pfotenspitzen des größeren Hasenjungen unter dem Saum des Vorhangs hervorblitzen. Ich stellte mir bildlich vor, wie dahinter seine Ohren stetig größer und länger wurden, wie in einem dieser Zeitraffer-Videos von Pflanzen, die erst ihre Triebspitzen aus der Erde strecken, immer höher wachsen und sich am Ende zu voller Blüte entfalten. Der Kleinere der beiden schien keine Lust zu haben, stillzuliegen, oder er konnte seine Neugierde schier nicht kontrollieren. Mittlerweile hatte er mehrere neue Verstecke ausprobiert, etwa eine Nische in der Ecke des Bücherregals, wo zwei Elemente nicht ganz bündig aneinanderpassten. Daher durchsuchte ich jeden Morgen gründlich das Büro, nur für den Fall, dass die Hasen ihre Schlafplätze gewechselt hatten. Ich wollte sie schließlich nicht erschrecken.

Ich war heilfroh, dass es mittlerweile die Hasentür gab, die Tag und Nacht offenbleiben konnte und der Mutter ermöglichte, ihre Jungen zu sehen, wann immer sie wollte. Ich stellte jedoch fest, dass mein Konzept von »drinnen« und »draußen« nicht mehr existierte, seitdem Hase dauernd ein und aus lief, und dieser Teil des Hauses durchgehend den Elementen ausgesetzt war. Windböen drangen herein und zischten um meine Beine. Geräusche, die ich vorher immer nur sporadisch wahrgenommen hatte, erreichten mich nun jede Nacht und waren in meinem Kopf fest mit den Wegen des Hasen verknüpft. Das Kreischen der Dohlen, wenn sie sich bei Einbruch der Nacht in den Baumwipfeln niederließen, der Nachhall unbekannter Flügel, die Fragmente pfeifender Vogelstimmen und der durchdringende Ruf der Fasane: Sie alle ertönten lauter, sobald alle Farben der Natur zum Schwarz der Nacht verschmolzen. Dieses nächtliche Medley – wild, chaotisch und, für meine Ohren, beunruhigend – läutete die Zeit ein, in der Hase am aktivsten war. Sie hatte offenbar keine Angst, aus dem Haus ausgesperrt und von ihren Jungen getrennt zu werden. Wieder spürte ich, wie mich das unsichtbare Band des Vertrauens, das da zwischen uns entstanden war, zart umfing, ein Gefühl, das so leicht war wie die Schnurrhaare, die ich von Zeit zu Zeit auf dem Teppich fand und die mich entfernt an die Stacheln eines Stachelschweins erinnerten, nur viel kleiner.

Die lange Folge von sonnigen Tagen wich heftigen Regenschauern, und die Kälte rechtfertigte es, im Haus ein Feuer anzuzünden. Ich trat vorsichtig an der Hasenmutter vorbei, die auf ihrer Bank lag, um noch ein Scheit Holz nachzulegen. Sie beäugte mich über die Pfoten hinweg, ohne sich einen Millimeter zu bewegen, erst Stunden später begab sie sich nach draußen in den strömenden Regen und folgte ihren mysteriösen Pfaden. Als sie an diesem Abend zurückkam, war sie völlig durchnässt, das Fell klebte ihr regelrecht am Körper. Sie stellte sich auf die Hinterbeine, schleuderte das Wasser mit einer schnellen Drehbewegung aus ihrem Fell und verpasste mir dabei eine Dusche aus dicken Regentropfen. Mit den Pfoten wischte sie sich die Augenbrauen trocken und wrang das Wasser aus dem Fell am Ohrenansatz. Ihre Augen waren dunkel und glänzend, erste Zeichen des

Winterfells wurden bereits sichtbar. Nachdem sie sich zu ihrer Zufriedenheit geputzt hatte, ließ sie sich, die Pfoten unter dem Körper verstaut, auf dem Teppich in der Nähe der langsam auskühlenden Glut nieder. Ihre Jungen dösten – oder saßen in Tagträume versunken – nur wenige Meter entfernt im Zimmer nebenan. Ein zarter Duft nach Getreidekeksen erfüllte den Raum. Es war der Duft der Feldhasen.

Nach und nach wurden die jungen Hasen frecher und testeten die Toleranzgrenze ihrer Mutter aus. Wenn sie die Nerven besaßen, das Zimmer zu betreten, während sie fraß, und neugierig mit den Köpfen wackelten, genügte ein strenger Blick und sie flüchteten zurück ins Büro. Ich hatte keine solche Wirkung auf sie, vielmehr schienen sie mir Verwunderung oder vorsichtige Duldung entgegenzubringen. Während der Nacht konnte ich hören, wie sie wie die Verrückten unten durchs Büro flitzten und mit ihren stumpfen Krallen über den groben Webteppich kratzten. Hase säugte sie immer noch zweimal pro Nacht, doch mittlerweile warteten sie schon, dicht aneinander gekuschelt, auf den Bürostufen auf sie. Wenn ich nach Einbruch der Dunkelheit dort an ihnen vorbeikam, drängten sie sich noch enger aneinander, ergriffen aber nicht die Flucht. Sobald ihre Mutter auftauchte, stürzten sie sich auf sie und tranken fieberhaft.

Stück für Stück erweiterte sich nun ihre Welt, und als die beiden fast drei Wochen alt waren, wagten sie sich im Morgengrauen zum ersten Mal für ein paar

Minuten ins Freie. Zuerst trafen sie sich im Büro und steckten die Nasen zusammen, dann stachelten sie einander zu einer Reihe von Sprüngen auf dem Teppich an, bevor sie sich losrissen und ins Wohnzimmer gelaufen kamen, einer knapp auf den Fersen des anderen. Von dort lieferten sie sich ein Rennen zum Ausgang. Beide versuchten, gleichzeitig hinaus in den Garten zu gelangen, schubsten und drängelten, bis sie schließlich hintereinander, im Abstand von Millisekunden, hinausgeschlüpft waren. Ich fragte mich, was es wohl für ein Gefühl für sie sein musste, zum ersten Mal Gras zu spüren, nach trockener Erde duftenden Wind und all die Pflanzen zu riechen, die in voller Blüte standen, all die Geräusche der Natur zu vernehmen, die auf sie einstürmten. Bald waren sie mutig genug, um im Blumenbeet miteinander zu spielen. Ich sah sie am Morgen nie ins Haus zurückkommen, doch kaum war es hell, waren sie da, jedes an seinem angestammten Schlafplatz.

Ich verursachte eine schlagartige Veränderung dieses Ablaufs, als eines Tages ein Elektriker kam, um ein Loch in die Bürowand zu bohren. So wurde der größere der beiden Geschwister zum ersten Mal in seinem noch so kurzen Leben vertrieben. Er flitzte über die Treppe nach oben und kehrte nie wieder an seinen Platz hinter dem Vorhang zurück. Während der Arbeit vermisste ich die kleine Beule, die sein Körper hinter dem Stoff geformt hatte, und die pelzigen Pfoten, die herausragten, obwohl er dachte, er sei unsichtbar.

Von diesem Tag an machten die Junghasen mein Schlafzimmer unsicher. Nach mehreren Nächten, in denen ich aufgewacht war und den Jungen bei ihrem Spiel zuhörte, beschloss ich, ab jetzt im Extrazimmer auf der anderen Seite des Hauses zu schlafen. Ich wollte das Wasser in der Dusche aufdrehen können, ohne vorher nachzusehen, ob nicht ein Hasenkind darin schlief. Am nächsten Tag, als ich mein Kissen, die Bettdecke und einige Kleider zusammenraffte und mir an den schlafenden Hasen vorbei einen Weg aus dem Zimmer bahnte, wurde mir klar, dass auch ich gewissermaßen meine Sasse verließ, was mir wesentlich schwerer fiel als meinen tierischen Mitbewohnern.

In dieser Nacht bezog ich das neue Zimmer und schlief ein, nur um einige Stunden später von dem unregelmäßigen *eins-zwei, eins-zwei* der kleinen Hasenpfoten auf dem Teppich geweckt zu werden. Die Kleinen waren aus dem Büro die Treppe ins Wohnzimmer hinuntergelaufen, dort herumgestreunt und dann tatsächlich den Flur entlang und eine weitere kurze Treppe hinunter bis ans äußerste Ende der Scheune gerannt. Es konnte fast kein Zufall sein, dass sie sich ausgerechnet das Zimmer ausgesucht hatten, in das ich umgezogen war, es war wohl die Neugierde, die sie angetrieben hatte. Zum Trommelschlag ihrer flinken Pfoten, die unter meinem Bett herumstromerten, glitt ich zurück in den Schlaf. Ich wunderte mich, dass sich die Jungen in diesem Teil des Hauses wohlfühlten, denn ihre Mutter hatte die Abneigung gegen die rutschigen Holz- und Steinoberflächen dort nie ablegen können. Möglicherweise lag es aber auch daran, dass sie nie weit von ihrer Tür und dem Fluchtweg in die Welt da draußen entfernt sein wollte. Wer weiß, vielleicht erinnerte sie sich sogar an die kurze Episode, als ich ihr hier ein Gehege gebaut hatte. Ob es nun an der mangelnden Erfahrung der Junghasen lag oder daran, dass sie zu zweit mutiger waren: Wenn es nach ihnen ging, war kein Ort im Haus tabu.

Wenn ich morgens herunterkam, lagen beide auf dem Sofa wie ein Pärchen Seehunde beim Sonnenbaden. Immer eng nebeneinander, mit wachsam aufgestellten Ohren. Oder sie saßen auf der Fensterbank, blickten hinaus in die Welt und pusteten mit ihrem Atem winzige Nebelkreise auf die Scheibe. Wenn ich den Raum betrat, trabten sie locker auf die Türöffnung zu, wachsam, jedoch ohne Angst. Wenig später würden sie sich dann oben in meinem Zimmer zum Schlafen hinlegen, ein Muster, das eine erstaunliche Ähnlichkeit mit dem Verhalten ihrer Mutter aufwies, als diese noch klein war. Das Gefühl von Sicherheit, das sie dorthin gezogen hatte, spürte ihr Nachwuchs nun wohl auch. Am Nachmittag spielten sie im Garten. Besonderen Spaß schien ihnen das Erforschen von verschiedenen Texturen und Oberflächen zu machen, was mich daran erinnerte, wie Hase damals auf dem Teppich im Garten einen wilden Tanz aufgeführt hatte. Eines Tages erschreckte mich eines der Jungen, indem es kurzerhand in meinen Schoß sprang und mir begeistert auf Bauch und Beine trommelte. Möglicherweise hatte es mich, weil ich so stillgesessen hatte, für einen Einrichtungsgegenstand gehalten. So konnte ich das Kleine aus nächster Nähe betrachten und bemerkte, dass seine Iris nicht mehr schwarz war, sondern bernsteinfarben leuchtete.

Am selben Nachmittag musste ich zu einer dreiwöchigen Geschäftsreise nach Amerika aufbrechen. In den Tagen vor meiner Abreise überraschte mich die Hasenmutter, indem sie wieder begann, Zeit in ihrem alten Schlafzimmer zu verbringen. Bevor ich abfuhr, schloss ich jedoch die Tür zu diesem Teil des Hauses, mit dem Hintergedanken, die Anzahl von Zimmern, in denen die Junghasen in meiner Abwesenheit herumtoben konnten, zu reduzieren. Als ich losfuhr und die schlafende Mutter mit ihren Jungen zurückließ, spürte ich einen Stich. Jenseits des Atlantiks angekommen, verfolge ich per Videoaufzeichnung, wie die Jungen einen Monat alt wurden und anfingen, aus der Haferflockenschale ihrer Mutter zu knabbern. In der Nacht säugte sie sie immer noch und beschnüffelte sie dabei sanft; meistens dauerte es aber nicht lange, bis sie ihre Sprösslinge wegen eines Fehlverhaltens mit einem bedrohlichen Satz in ihre Richtung nach draußen jagte. Doch sobald sie ihnen den Rücken zukehrte, schossen sie wie der Blitz wieder ins Haus und die Treppe hinauf. Nach einer weiteren Woche konnte ich beobachten, wie Hase ihren Jungen erstmals die Brust verweigerte, indem sie sie abschüttelte, sobald sie versuchten, anzudocken. In jener Nacht blieben die Jungen zum ersten Mal draußen, bis es hell wurde, vielleicht ein Zeichen dafür, dass sie nun lernen mussten, allein zurechtzukommen.

Hase war nicht da, als ich von meiner Reise zurückkam. Das Wetter war schön, die Felder warm und einladend, gesäumt von Kamillenblüten und Klatschmohn. Zwei Tage später tauchte sie auf ihre unverwechselbar mysteriöse Art auf. Sie wirkte prall, stattlich und gemächlich im Vergleich zu ihren mittlerweile recht schlaksigen Jungen. Wieder rief sie mich mit ihrem zarten Schnauben.

Die Jungen waren zwar mittlerweile entwöhnt, Hase hielt sich aber trotzdem in der Nähe des Hauses auf, schlafend am Rand des Blumenbeetes. Mir kam der Verdacht, dass sie vielleicht schon anfing, langsamer zu werden. Noch in diesen Gedanken versunken, schreckte ich plötzlich auf, als sich im Dickicht unter meinem Fenster etwas regte, ein winziges Wesen, das sich in kleinen Schüben und Sprüngen durch das Blattwerk kämpfte und hier und da an einem Blütenblatt nagte. Seine federnden, wackeligen Hinterbeine waren zu groß für seinen Körper. Als es mich erblickte, rannte es wie der Blitz in Deckung. Nach einigem Suchen entdeckte ich es unter einer Fingerhutstaude, deren turmhohe, nach oben spitz zulaufenden Blütenstände unzählige glockenförmige, rosa Blütenbecher trugen, die sachte im Wind schaukelten. Nur an der Basis wies die Pflanze einen Kranz aus breiten, spiralförmig wie eine Wendeltreppe ansetzenden Laubblättern auf.

Das winzige Tier sprang, vielleicht einen Meter entfernt von dem Fenster, hinter dessen Glasscheibe ich stand, zwischen den Pflanzen umher. Es war definitiv ein kleiner Feldhase. Er war überaus aktiv und rannte bei vollem Tageslicht abseits seiner sicheren Sasse umher, er war also kein Neugeborenes. Auch seine Augen schienen bereits den Bernsteinton aufzuweisen, den ich bei den anderen beiden Jungen erst nach etwa drei Wochen festgestellt hatte, und der bei ihrer Mutter erst nach einem Monat aufgetaucht war.

So kam ich zu dem Schluss, dass der kleine Hase zwischen zwei und vier Wochen alt sein musste. Ich erinnerte mich an Hases Verhalten in der Zeit, bevor ich verreist war. Dass sie, entgegen ihren Gewohnheiten, begonnen hatte, sich im hinteren Teil des Hauses herumzutreiben. Vielleicht war sie im Haus auf der Suche nach einem geeigneten Ort für die Geburt gewesen, bis ich die Verbindungstür zugemacht hatte. Möglich konnte aber auch sein, dass Hase das Junge geboren hatte, als sie das letzte Mal länger fort war. So oder so mussten sich die Tragzeiten wohl überschnitten haben. Die andere glaubhafte Erklärung – nämlich, dass Hase unmittelbar nach der Geburt der beiden Vorgänger wieder trächtig geworden war – erschien mir unwahrscheinlich, da sie zu dieser Zeit den Garten für viele Tage nicht verlassen hatte. Sie war also alles andere als alt und müde, wie ich kurz zuvor noch befürchtet hatte, als ich sie im Blumenbeet liegen sah. Sie tat nichts anderes, als auf ihren neuen Nachwuchs aufzupassen. Ich erwog kurz, ob es sich vielleicht um das Junge einer anderen Hasenmutter handeln könnte, doch andere Hasen gab es in meinem Garten nicht.

Medizinisch gesprochen handelt es sich bei der »Superfetation« um die »Befruchtung eines zweiten Eis bei einer bereits bestehenden Schwangerschaft, sodass im selben Uterus mehrere Föten in unterschiedlichen Entwicklungsstadien heranwachsen«. Die Erforschung des Phänomens lässt noch einige Zweifel offen, da man den biologischen Vorgang, der es auslöst, noch nicht vollständig entschlüsselt hat, doch die Fachliteratur besagt, dass in der Gebärmutter des Hasen befruchtete Eier heranwachsen, obwohl bereits ein weiter entwickelter Fötus vorhanden ist. Bei Hasen tritt die Superfetation laut Beobachtungen bei etwa dreizehn Prozent der natürlichen Trächtigkeiten auf, konnte aber auch im Labor künstlich herbeigeführt werden. Unklar ist, ob es sich dabei um eine Reproduktionsstrategie handelt, die einer Häsin ermöglicht, im Verlauf eines Jahres mehr Nachwuchs in die Welt zu setzen und damit die Chancen zu verbessern, dass einige davon überleben, oder ob es diese Anomalie bei manchen Hasen einfach gibt. Man geht davon aus, dass solche Doppelträchtigkeiten auch beim Amerikanischen Nerz und dem Europäischen Dachs vorkommen, deren Junge im Gegensatz zum Feldhasen jedoch nichtsdestoweniger alle am selben Tag auf die Welt kommen. Bei Feldhasen kann die zweite Befruchtung jederzeit nach dem vierunddreißigsten Tag der Trächtigkeit erfolgen, sodass die zwei Würfe jeweils mit einem Abstand von 24 oder 25 Tagen geboren werden können, das Phänomen wird in der Wildnis jedoch als »selten« beschrieben. Ich fragte mich, ob die Tatsache, dass Hase wohlgenährt, gesund und geschützt lebte, das Ereignis begünstigt haben könnte.

Besonders auffallend war, dass die Fingerhutpflanze nur eine Wandbreit entfernt von dem Ort stand, an dem Hase im Haus ihren zweiten Wurf geboren hatte. Natürlich konnte das ein Zufall sein, dennoch war es der nächstmögliche Geburtsort zu dem davor, nur eben draußen. Der Gedanke, dass es noch weitere Junghasen geben könnte – Geschwister dieses Neuzugangs –, die sich irgendwo im Garten versteckten, hielt mich bis zum Einbruch der Dunkelheit auf den Beinen, weil ich sehen wollte, ob sich noch irgendwo etwas bewegte oder Hase auf der Lauer lag. Doch als sich die Dunkelheit über den Garten legte, zitterte nicht ein einziges Blatt und ich war kein bisschen klüger.

12. Häschen

Dem Menschen ist nichts eigen, wovon das Tier nicht wenigstens eine Spur in sich trüge, und die Tiere haben keine Gewohnheit und keine Eigenschaft, die der Mensch nicht bis zu einem gewissen Grade teilte.

Ernest Thompson Seton, *Wild Animals I Have Known*, 1898

Der nächste Tag, und auch der Tag darauf, vergingen ohne eine Spur des Häschens. Ich zweifelte schon daran, ob ich es wirklich gesehen hatte oder stellte mir vor, dass es bereits von einem Raubtier verschlungen worden war. Wie um meine Ängste zu bestätigen, stieß ich im Garten auf ein Hermelin, das sich vor der Küchentür auf den Steinplatten herumtrieb, und verscheuchte es. Es flüchtete in einen Spalt in der alten Mauer des Schafpferchs, mehr als einen Meter über dem Boden. Ich beobachtete es aus sicherer Entfernung, aus Angst, dass es zum Angriff übergehen könnte, wenn es sich in die Ecke gedrängt fühlte. Tatsächlich unternahm das Tier mehrere Fluchtversuche, zog sich aber jedes Mal, wenn es mich sah, wieder ein Stück in den Spalt zurück. Die vogelartigen Augen funkelten und seine dreieckige Kopfform erinnerte mich merkwürdigerweise an eine Schlange. Dann war der Kopf auf einmal verschwunden.

Als ich schon wieder zurück ins Haus gehen wollte, sah ich eine Bewegung aufblitzen. Plötzlich lugte der Kopf des Hermelins aus einem waagerechten Einschnitt in dem mit Flechten bewachsenen Stein, gut drei Meter entfernt von dem Loch, in das es verschwunden war. Ein Brocken verwitterter Mörtel war heruntergefallen wie eine alte Zahnfüllung und hinterließ einen Spalt, der so schmal war, dass der Körper des Hermelins ihn vollständig ausfüllte. Es musste einen Gang durch die alte Steinmauer gefunden haben und sich zwischen dem Schutt und Kies hindurchgewunden haben, die den Hohlraum im Inneren der Mauer auffüllten, möglicherweise geleitet von einzelnen Lichtstrahlen, die durch tausend winzige

Risse in der Steinoberfläche drangen. Das Hermelin prüfte erst den Boden, dann floss sein Körper in einer einzigen, geschmeidigen Bewegung aus der Öffnung, wie Honig, der sich über den Rand eines Glases ergießt, und hielt sich noch im Fallen mit den Pfoten an der Mauer fest. Mir lief es bei diesem Anblick kalt über den Rücken, als wäre in mir eine urzeitliche Erinnerung an andere, größere Räuber erwacht, die einen Menschen töten konnten.

Hase und ihre größeren Kinder hätten eine Chance gehabt, dem Hermelin zu entkommen, doch der Neuankömmling wäre einer so gefährlichen Kreatur hilflos ausgeliefert. Mit einem Mal sah ich die Vorsichtsmaßnahmen, die Hase für ihre Jungen traf – auch wenn sie in der Sicherheit des Hauses aufwuchsen – in einem völlig veränderten Licht. Das Aufsammeln der Hinterlassenschaften, das Reinigen des Fells mit ihrer Zunge, das Aufrauen der Erde rund um die Verstecke ihrer Jungen, der große Satz zum Unterbrechen der eigenen Spur und die Vehemenz, mit der sie die Jungen zurückscheuchte, wenn sie sich bei Tageslicht aus ihrem Versteck wagten: Jede einzelne dieser Maßnahmen machte den Unterschied zwischen Leben und Tod.

Mittlerweile wusste ich, dass es nichts gab, mit dem ich die Hermeline aus meinem Garten vertreiben oder die Hasen vor den Bussarden und Falken schützen konnte, die im Sommerhimmel über mir kreischten, und genauso wenig vor den fetten Aaskrähen, die sich Tag für Tag im Garten niederließen. Sie fortzujagen wäre ebenso aussichtslos gewesen wie der Versuch, den Wind festzunageln. Es gab keine Absperrung, die sie davon abhielt, in den Garten zu kommen. Sie jagten bei Nacht und bei Tag. Meine einzige Hoffnung war, dass manch andere Beute eventuell leichter zu fangen war. Es gab reichlich Auswahl, zum Beispiel eine Gruppe von Fasanenküken, die erst kürzlich in einem Winkel der Hecke geschlüpft waren. Mit schlechtem Gewissen betete ich, dass die Hermeline, wenn sie schon fressen mussten, doch bitte eines der Fasanenküken oder eines der behäbigen Kaninchen nehmen würden, die ich in dem frisch bebauten Kartoffelacker gesehen hatte, auch wenn es natürlich mehr als heuchlerisch war, eine Tierart der anderen vorzuziehen.

Nicht von allen Bewohnern des Gartens ging Gefahr aus. Bachstelzen trippelten um die Hasen herum, während diese im Gras nach Fressbarem suchten. Lerchen erfüllten die Luft mit ihrem rollenden, flötenden Gesang. Ein Rothahn von rundlicher Gestalt stolzierte abends beherzt und mit geschwellter Brust über den Dachfirst der Scheune, während er sich Schritt für Schritt tiefer in seinen Ruf hineinsteigerte: eine ohrenbetäubende Kakophonie aus Klicken, Krächzen und Kreischen, wie das letzte Aufbäumen einer schrottreifen Maschine. So sang er sich für eine Gefährtin die einsame Seele aus dem Leib, schwang den kurzen Schwanz auf und nieder und schraubte die Lautstärke immer weiter hoch, während er hinaus über die Felder spähte. Ich beobachtete Hase dabei, wie sie sich in das hohe Gras hinter dem Haus schlug. Dann langte sie hoch, wickelte die Zunge um die Spitzen der reifen Halme, zog sie zu sich herunter und streifte die Samenstände ab. Rings herum war eine ganze Wolke aus Stieglitzen mit derselben Tätigkeit befasst. Die Vögel saßen zur besseren Verteilung ihres Gewichts gleich auf einem ganzen Bündel Ähren und klammerten sich mit den Krallen fest, während das Gras im Wind hin und her schaukelte. Sie pickten die Samen ab, öffneten schüttelnd die Hülsen und warfen die Spelzen fort. Hases Fell glänzte golden, das mir zugewandte Auge glühte im Licht der Sonne. Der Anblick erinnerte mich daran, dass eines der Bücher, die ich kürzlich gelesen hatte, die Augen von Feldhasen mit Schmucksteinen und kalt schimmernder Froschhaut verglich. Egal, ob Hase mich im Sonnenlicht oder in einem geschlossenen Raum anblickte: Ihr ruhiger, klarer und ebenmäßiger Blick war alles andere als kalt.

Spät am selben Abend war ich erleichtert, als ein kaum merkliches Zittern des Fingerhuts verriet, dass das Häschen da war und sich in der Dämmerung zu schaffen machte. Trotz aller Widrigkeiten war es noch am Leben. Im schwachen Licht konnte ich durch das niedrige Blattwerk gerade noch seine Ohrenspitzen erkennen. Ein paar Meter weiter wartete im Gras bereits die Hasenmutter. Sie hatte sich eine Stelle ausgesucht, von der sie klare Sicht auf das Versteck ihres Jungen hatte und gleichzeitig das Gelände, das zwischen ihnen lag, genau im Auge behalten konnte. Der Mond ging auf. Der Fingerhut wackelte und ein tintenschwarzer Hohlraum tat sich unter den silbrigen Blättern auf. Die Sträucher ringsum teilten sich im Wind. War der kleine Hase noch dort oder war er bereits zu seiner Mutter gelaufen? Ich konnte es nicht sagen, es war schon zu finster. Also ging ich zu Bett und das Häschen behielt das Geheimnis für sich.

Ein paar Tage später wurde mein geduldiges Beobachten endlich belohnt. Kurz vor zehn Uhr abends, als es immer noch hell genug war, um draußen etwas zu erkennen, bahnte sich der winzige Hase einen Weg durch den Rasen hinter dem Blumenbeet, die Ohren stramm angelegt, sodass er kaum aus dem kurzen Gras herausragte. Obwohl er – nach dem Fütterungsrhythmus zu urteilen, den ich bereits bei den vorherigen Würfen beobachtet hatte – seit weit über zwölf Stunden nichts mehr gegessen hatte, versuchte er nicht, auf die Mutter zuzurennen, die ein wenig entfernt von ihm lag. Hase kam ihm ein Stück entgegen und schwenkte die Ohren aufmerksam vor und zurück, während ihr Junges seine geduckte Tarnposition beibehielt. Der Wind frischte auf. Mutter und Kind verharrten reglos in ihrer jeweiligen Position, die Vorderpfoten knapp aneinandergepresst, die Köpfe leicht gehoben und die Ohren zurückgefaltet. So warteten sie auf den Schutz der Dunkelheit. Ein weiteres Junges war nicht zu sehen. Vielleicht hatte Hase aufgrund der Doppelträchtigkeit diesmal wirklich nur ein Junges geboren. Oder die anderen Jungen des Wurfes hatten nicht überlebt. Eines der älteren Hasengeschwister – immer noch ständige Gäste in Haus und Garten – tauchte in der Nähe des Blumenbeetes auf, kam aber nicht näher. Es versuchte gar nicht, sich in das Ritual einzumischen. Es dauerte noch eine weitere halbe Stunde, bis das Dämmerlicht Hases Anspruch von Finsternis genügte und ich endlich beobachten konnte, wie sie das Junge mit ihrem Körper abschirmte und trinken ließ. Somit bestand kein Zweifel mehr daran, dass es ihr Junges war.

Für die folgenden Wochen verließ das Kleinste der Hasenjungen die Sicherheit des Blumenbeetes nicht. Ich malte mir aus, wie es dort still wie ein herabgefallenes Blatt auf der Erde lag, wartete, atmete und wuchs. Ganz anders die größeren Jungen: Mit ihnen musste man immer rechnen, und sie machten auch keine Anstalten, fortzugehen. An den meisten Tagen ließ ich die Tür, die vom Garten in die Küche führte, offen, und die Junghasen flitzten ein und aus, während ihre Mutter auf dem Wohnzimmerteppich schlief. In ihren aktiven Phasen waren die Geschwister unzertrennlich, liefen zu zweit ins Haus und wieder hinaus, erkundeten Seite an Seite den Garten, aalten sich in demselben Kiesbett in der Sonne und kundschafteten unisono das Gartentor und die Mauer aus, zielstrebig wie zwei Pfadfinder. Sie spielten zu zweit im Innenhof und jagten entweder einander oder die Fasanenküken. Sie drückten ihre Pfoten an die Fensterscheibe und guckten ins Haus, unbeirrt von meiner Anwesenheit. Sie stießen die Garagentür auf, wenn ich einmal vergessen hatte, sie abzusperren. Aus Sorge, dass sie dort auf etwas Spitzes oder Giftiges stoßen könnten, lief ich hinaus, um sie zu verscheuchen. Doch sobald ich wieder im Haus war, standen sie schon wieder auf den Hinterbeinen und drückten gegen die nun verschlossene Tür. Nach einer Weile verloren sie jedoch das Interesse und machten sich einen Spaß daraus, in einem Gartensack voller Unkraut herumzuklettern, das ich in einem halbherzigen Versuch, den Innenhof etwas aufzuhübschen, aus dem Kies gezupft hatte. Einmal bemerkte ich, dass sie die äußere Gartenmauer beäugten, als würden sie Maß nehmen – vielleicht spürten sie bereits den Lockruf der Welt da draußen –, ehe sie sich kopfüber in die Kleebüschel stürzten, die den Rasen im Garten überwuchert hatten. Sie waren so glücklich, wie Hasen vermutlich nur sein konnten.

Ich sah die Hasengeschwister selten getrennt voneinander. In den goldenen Abendstunden begaben sie sich gemeinsam zu ihrer Mutter, lagen oder fraßen in ihrer Nähe, eine Belästigung, die sie duldete, wenn sie nur schläfrig genug war. Es war erstaunlich, wie die beiden gewachsen waren: Nur die schlanken Körper und die letzte Rundlichkeit ihrer Gesichter sowie einige Abweichungen in der Fellfarbe unterschieden sie noch von ihrer Mutter. Diese war als Winterhase geboren und hatte die helle Farbgebung der Anfangszeit gebraucht, um sich in der Frühlingslandschaft zu tarnen. Die beiden Geschwister waren späte Frühlingshasen, daher nahm ihr Fell schnell die satt glänzenden, seidigen Brauntöne, den fuchsroten Schimmer und die fein melierte Textur eines für Feldhasen typischen Sommerfells an, das sowohl auf bloßer Erde als auch auf Stein und in verbranntem Gras optisch untergeht. Haarwechsel hatten noch keine Spuren hinterlassen, so war ihr Fell glatt und glänzend, aber auch das würde sich mit der Zeit ändern. Es gab noch weitere, kaum merkliche Unterschiede zur Mutter: Die Schnurrhaare der Kleinen waren noch kurz und ragten lotrecht aus ihren Wangen, während jene der Mutter einen zarten Heiligenschein rund um die gesamte Schnauze bildeten und die Haare, die dem Mund am nächsten waren, sich Richtung Pfoten hinunterbogen.

Meistens gingen die beiden Geschwister sanft miteinander um. Wenn der größere den kleineren Hasen dominieren wollte, baute er sich einfach kurz vor ihm auf und streckte die Ohren hoch, was normalerweise reichte, um dafür zu sorgen, dass der Kleine sich aus dem Staub machte. Wenn nicht, machte der Größere aus den steifen Hinterbeinen heraus einen kleinen, känguruartigen Satz auf ihn zu, sodass dieser eingeschüchtert den Abflug machte.

Es war erstaunlich, wie sehr ihre Gewohnheiten jene der Mutter widerspiegelten. Das Kleinere der beiden Geschwister liebte es, seinen Tag auf der siebten

Stufe der Treppe zu vertrödeln, ganz genauso wie Hase in ihren jungen Tagen. Es gewöhnte sich an, mit dem Rücken an der Tür auf der Büroschwelle zu schlafen, mit dem einzigen Unterschied, dass Hase stets nach draußen geblickt hatte, während das Kleine dem Raum das Hinterteil zuwandte. Im Garten wurden sie magisch von den Lieblingsplätzen ihrer Mutter angezogen, ihren leeren Sassen im Blumenbeet oder am Fuße der Obstbäume. Und sie hatten eine ebenso große Faszination für Vögel, stürmten auf sie zu und suchten mit schiefgestellten Ohren Ärger. Danach jagten sie wieder einander im vollen Lauf durch den Garten.

Wie ihre Mutter bekamen sie, wenn sie Haferflocken fraßen, manchmal Schluckauf, wodurch ihr ganzer Körper sich kurz zusammenzog und wieder löste, wie eine Ziehharmonika. Die kleinen Hasen kauten währenddessen gemächlich weiter. Und sie waren, ebenfalls wie ihre Mutter, kaum aus der Ruhe zu bringen, solange man ihnen genug Raum ließ. Alles, was außerhalb eines bestimmten Radius geschah – einschließlich der meisten Geräusche –, störte sie nicht weiter. Doch schon die kleinste Bewegung, die sich innerhalb dieses Kreises abspielte, versetzte sie in Alarmbereitschaft und führte dazu, dass sie blitzartig davonsprangen, als wäre ein unsichtbarer Stolperdraht ausgelöst worden. Doch selbst dann blieben sie meist gefasst und machten sich nicht die Mühe, ihr volles Lauftempo auszupacken.

Andere Vorlieben und Eigenheiten unterschieden sich nur graduell. Während Hase es lediglich mochte, an der Strohauflage der Bank im Wohnzimmer herumzuknabbern, hatten ihre Jungen aktiv deren Vernichtung im Sinne, wenn sie sie von oben ansprangen und attackierten, bis die langen Fasern lose auf dem Boden lagen. Sie zogen mit Pfoten und Zähnen an Teppichkanten und machten sich, als sie das seinerzeit von der Maus ins Sofa gefressene Loch entdeckt hatten, vergnügt daran, es zu vergrößern und die Polsterung herauszurupfen. Ganz im Gegensatz zu ihrer Mutter, die beim Essen über tadellose Manieren verfügt hatte, waren sie bei diesem Thema achtlos und unordentlich, steckten gelegentlich die Pfoten in die Haferflockenschale oder vergruben ihre Nasen darin, ehe sie das Getreide, das ihnen an den samtigen Sohlen und zwischen den Schnurrhaaren hing, ungeniert im Haus verteilten. Während ihre Mutter sich im Haus meist behutsam bewegte, wirkten sie völlig furchtlos. Sie rutschten auf den Holzböden nicht aus, während Hase stets die Kissen als Trittfläche benutzte, um die Stufen ins Büro hinaufzulaufen, sogar jetzt noch, mit über zwei Jahren. Ihre Jungen kletterten auf den Möbeln herum, wie sie es niemals getan hätte, hinterließen nasse Fußabdrücke auf den Lehnstühlen und vollführten Turnübungen auf dem Sofa, wenn sie einen Juckreiz oder einfach nur die Lust verspürten, sich auf dem groben Stoff herumzuwälzen. Vielleicht erschienen ihnen diese Oberflächen so vertraut und sicher, weil sie im Haus geboren waren. Ich hoffte jedoch, dass ihr Instinkt ihnen mit der Zeit mehr von der Vorsicht ihrer Mutter mitgeben würde.

Die beiden Geschwister trennten sich nur, wenn sie sich untertags zum Schlafen hinlegten, wie damals als Neugeborene, nur verschwanden sie nun bis zum späten Nachmittag im Gestrüpp. Wieder stand ich vor dem bekannten Dilemma: Sollte ich ihnen das Gartentor öffnen oder sollte ich lieber warten, bis sie selbst einen Weg hinausfanden? Ihre Mutter hatte vier Monate gebraucht, um zu lernen, wie man über die Mauer springt, ihre Kinder hatten jedoch den Vorteil, dass die Mutter ihnen als Vorbild diente und sie den Dreh daher schon früher heraushaben könnten. Drinnen im Garten drohte ihnen Gefahr von Raubtieren, die sich aus der Hecke an sie heranschlichen. Andererseits, wenn ich sie hinausließ, bevor sie gelernt hatten, die Mauer zu überwinden, nahm ich ihnen die Möglichkeit, jemals wieder zurückzukehren und sperrte sie aus ihrem gewohnten Umfeld aus. Eine eindeutige Lösung gab es nicht. So beschloss ich, den Dingen ihren Lauf zu lassen.

Die schnell heranwachsenden Junghasen engten Hase ein und störten ihren Rhythmus, das war zumindest mein Eindruck. Die Jungen aus ihrem allerersten Wurf – die drei, die sie im Garten bekommen hatte – waren niemals ins Haus gekommen und hatten ihr als unangefochtene Herrin das Terrain überlassen, bevor sie endgültig fortgingen. Wenn nun die neue Generation im Wohnzimmer herumtollte, hockte Hase manchmal hinter dem Couchtisch und zog die Ohren ein. Ich machte mir Sorgen, dass die Jungen sie mit ihrem Überschwang vertreiben könnten, und manchmal, wenn ich absichtlich ins Zimmer kam und die beiden verjagte, damit Hase in Frieden an ihrem Platz liegen konnte, hatte ich den Eindruck, als atmete sie erleichtert auf. Eines Abends, als ich an meinem Schreibtisch saß, erschrak Hase fürchterlich, als eines der Jungen hinter ihr ins Zimmer kam. Sie machte einen riesigen Satz beiseite, stieß mit den Pfoten gegen die Keramikwand der Futterschale und warf sie mit solcher Wucht um, dass es Haferflocken regnete. Sie flüchtete auf die Bürotreppe. Ich ging ihr hinterher, rief sie und versuchte, sie beruhigen, gleichzeitig scheuchte ich die Jungen nach draußen. Hase lief dicht neben mir zurück in die Küche, dort ließ ich sie hinaus in den Garten. Doch auch später noch, als die Nacht hereinbrach, blieb sie ganz in meiner Nähe, während ich im Lehnstuhl neben der geöffneten Tür saß und ein Buch las – ganz wie in alten Zeiten, als sie noch ein kleines Häschen war. Ihr Nachwuchs lungerte in der Nähe herum, wagte aber nicht, wieder ins Haus zu kommen.

Ich glaubte, dass der größere der beiden Geschwisterhasen ein Männchen war und möglicherweise deshalb forscher auftrat als die Mutter. Anstatt nur an den Blättern in der Hecke zu nagen, zog er die langen, peitschenartigen Zweige gleich ganz zu sich herab, hielt sie mit den Vorderpfoten fest und biss sie durch. An einem jener seltenen Tage, an denen ich die Hasentür geschlossen hielt, um die Zeit im Inneren des Hauses für die Jungen zu begrenzen, stellte er sich auf die Hinterpfoten und pochte kräftig gegen das Fenster. Seine Pfoten, mit denen er problemlos einen Meter hoch reichen konnte, hinterließen auf der Scheibe ein wirres Muster aus Schlieren. Kaum zu glauben, dass am Anfang seines Lebens noch beide Hinterbeine lahmten. Falls Hasen so etwas wie Prahlerei kannten, er neigte dazu. Zum Beispiel stürzte er sich liebend gern auf seine schlafende Schwester (zumindest ging ich aufgrund des schüchterneren Verhaltens des Geschwisterhasen davon aus, dass es ein Weibchen war), dem Anschein nach rein aus Spaß. Er streckte sich mit Vorliebe auf dem kleinen Mäuerchen bei den Obstbäumen aus, das nur etwa kniehoch war und versteckt hinter Lavendelbüschen lag. Wenn er sich dort auf dem sonnenbeschienenen Stein wärmte, hing stets ein Hinterbein über den Mauervorsprung, während ihm die Augenlider vor Müdigkeit langsam zufielen, nur die Ohren standen immer noch kerzengerade hoch.

Mehrere Tage lang merkte ich nicht, wie der männliche Hase damit beschäftigt war, ein etwa fußballgroßes Loch aus dem Futter meiner Gardinen über dem Sofa zu fressen, indem er sich auf die Fensterbank schlich und den leichten Baumwollstoff mit den Zähnen sauber abnagte, während er den schwereren, seidig-glatten Oberstoff nicht anrührte. Als ich ihn dabei ertappte, näherte ich mich und redete ihm gut zu, in der Hoffnung, ihn auf diese Weise sanft vertreiben und den Stoff retten zu können. Hinter den Stoffbahnen vermochte ich lediglich ein Auge und ein Ohr zu sehen, der Rest seines Körpers war verdeckt, dennoch konnte ich erkennen, dass er mich beobachtete und absolut keine Angst hatte. Nach einer kurzen Weile unterbrach er beiläufig seine Tätigkeit, sprang hinunter aufs Sofa und von dort weiter auf den Fußboden, wo er gemütlich seine Haferflocken mampfte, als wäre nichts gewesen.

Als er später fort war, suchte ich den Fußboden ab, ohne auch nur ein Fitzelchen der zerkauten Baumwolle zu entdecken, was bedeutete, dass der fehlende Stoff Bissen für Bissen in seinen Körper gewandert sein musste. Aus Sorge um seinen Magen wickelte ich den Vorhang auf und verstaute ihn auf der Gardinenstange über dem Fenster. Von diesem Zeitpunkt an verbrachte der junge Hase jeden Tag ein paar Minuten auf dem Fensterbrett und starrte hinauf zu dem Stoffbündel, das sich weit oberhalb seiner Reichweite befand. Manchmal stellte er sich sogar auf die Hinterbeine und ließ die Pfoten die Fensterscheibe hoch in Richtung des Vorhangs wandern, so weit er sich strecken konnte.

Ein Gymnastikball, der in einer Ecke des Zimmers lag, gehörte zu den liebsten Requisiten der beiden Hasen. Offenbar mochten sie die gummiartige Elastizität und das hohle Geräusch, das er machte, wenn sie mit den Pfoten auf die Oberfläche hämmerten. Der männliche Hase erlebte den Schock seines Lebens, als er eines frühen Morgens auf den Ball sprang, wie wild ruderte, um oben zu bleiben, bevor ihn die Rotation schließlich wieder unsanft auf den Teppich beförderte. Laut Cowper besitzen Feldhasen »eine einzigartige Gabe, auch nur kleinste Veränderungen in ihrer gewohnten Umgebung aufzuspüren« und sie »beginnen auf der Stelle, das neue Objekt mit der Nase zu untersuchen. Kaum hat man ein kleines eingebranntes Loch im Teppich mit einem Flicken ausgebessert, wird dieser Flicken einer eingehenden Begutachtung unterzogen.« Die Hasengeschwister legten eine ähnliche Liebe zum Detail an den Tag, zum Beispiel, als ich einmal nach Hause kam und ein Junges dabei erwischte, wie es die Kante meiner Yogamatte mit der Vorderpfote nach unten hielt und sich durch das Etikett nagte, das dort angenäht war. Gerade als ich Luft holte, um mit ihm zu schimpfen, riss es das Etikett mit einem letzten triumphierenden Ruck und einem schwungvollen Schwenk der Ohren aus.

Die Jugendlichkeit der Geschwister unterstrich das – relativ gesehen – hohe Alter der Mutterhäsin: Ihrem Äußeren waren die zweieinhalb Lebensjahre bereits anzusehen. Langsamere Bewegungen, ein leicht eingekerbter Knöchel, der von der Verletzung ihres Vorderbeins zurückgeblieben war, langgezogene, schmalere Gesichtszüge, eine farbliche Trennlinie, die sich – fast wie ein Wasserspiegel – dort, wo das hellere Fell an der Flanke auf das dunklere Deckhaar traf, rund um ihren Körper zog, und das lustige Haarbüschel, das sie von klein auf unter dem Kinn trug, waren allesamt Merkmale, die sie von den anderen unterschieden. Doch neben den körperlichen Besonderheiten gab es auch subtilere, charakterliche Unterschiede: ihr sanfter Blick und ihre Aufmerksamkeit, wenn ich etwas sagte oder mich bewegte, ihre besondere Eleganz und Geschmeidigkeit, oder ihre Haltung. Die Tatsache, dass sie mich ansah und Augenkontakt hielt, so unwahrscheinlich es auch klingen mag. Im Haus kam sie zur Ruhe, setzte ihre Schritte langsam, sanft und vertrauensvoll, während ihr Nachwuchs immer unter Strom stand, jeden Muskel angespannt, knisternd vor unterdrückter Bewegungsenergie und jederzeit bereit zur Flucht. Hases Gesicht war ausnehmend charmant, mit diesem Schwall von dunklerem, dichterem Fell zwischen den Augen – ein Erbe der zahlreichen Fellwechsel, das ihre Reife noch unterstrich – im Vergleich zu der einheitlicheren, jugendlicheren Färbung ihres Nachwuchses. Außerdem besaß sie eine sehr individuelle Art, die Ohren auszuschütteln, immer, wenn sie von der Mauer in den Garten sprang, eine Bewegung, die sie von Anfang an gemacht hatte und die das menschliche Auge als Geste von Glück und Zufriedenheit interpretieren könnte, obwohl sie in Wirklichkeit vielleicht nur gegen Juckreiz half. All diese Merkmale hoben sie von den anderen ab und machten sie unendlich wertvoll.

Abends sah ich oft zu, wie die Hasenmutter eines der beiden Geschwister im vollen Lauf durch den Innenhof jagte. Ich war nicht sicher, warum sie das tat: War das Junge in ihren persönlichen Raum eingedrungen? Lehrte sie es Geschwindigkeit? Oder spielten sie einfach ein Spiel, an dem beide Spaß hatten? Es gab so vieles am Verhalten von Feldhasen, das ich immer noch nicht verstand. Das mochte daran liegen, dass der Mensch und somit die Wissenschaft nur sehr selten Gelegenheit bekommt, die immer gleiche, kleine Hasengruppe, außerhalb der Gefangenschaft, über einen längeren Zeitraum hinweg zu beobachten.

13.

Ein Schlag aus heiterem Himmel

Der Hase ist anfällig für Verletzungen. Oft genügt eine einzige Schrotkugel, um einen Hasen zu töten.

A. A. Cherkassov, *Notes of an East Siberian Hunter*, 1865

Als der August hereingebrochen war, versteckte sich das kleinste der Hasenjungen nicht länger unter dem Fingerhut. Es hatte sich an der niedrigen Mauer unter den Obstbäumen eine Sasse gegraben, in dem langen Gras, das zwischen den Kieselsteinen emporwuchs, war der Abdruck seines Körpers klar zu erkennen. Ich beobachtete seine ersten Versuche, auf die kleine Mauer zu springen, und wie es sich dabei die Nase anstieß. Am Abend flitzte es im Garten umher, während die Sonne tief am Himmel über den fernen Wäldern stand. Das reifende Korn neigte sich im Wind und wogte in kleinen Wellen auf mich zu, gelblich schimmernd und federleicht. Ich sah das Häschen aufgeweckt im Gras herumtollen, sich hochschrauben und drehen, als wäre es vom Wind angetrieben, wie ein Drachen, der knapp über dem Boden herumwirbelt. Wie ein Pfeil schoss es in den Schutz der Hecke und wieder heraus, warf sich kerzengerade in die Luft, bevor es erneut blitzschnell in Deckung ging. Es spurtete mit dem unbändigen Temperament eines Junghasen durchs Gras. Wie alle anderen Hasen, das wusste ich mittlerweile, übte auch das Häschen eine Sprungtechnik, die irgendwo in der Mitte zwischen einem Purzelbaum und einem Radschlag angesiedelt war: Es stieß sich mit den Hinterpfoten ab, machte eine schnelle Zwischenlandung auf den steifen Vorderpfoten und drehte sich dann horizontal, bevor es wieder auf den Hinterläufen landete. Eine Sekunde später war das Häschen verschwunden. Ich entdeckte es in der Wiese, wo es unter dem Klee lag und sich putzte. Dabei streckte es eines seiner Hinterbeine hoch, das nicht größer war als eine der ringsum stehenden Blütenkugeln und ebenfalls weiß an der Spitze.

Nacht für Nacht sprang das Häschen im Garten umher wie ein Tennisball. Hase wachte darüber und jagte es manchmal aus dem Gras in die Hecke. Sie hatte den Garten im vergangenen Monat kaum für mehr als ein paar Stunden verlassen und beschützte ihren jüngsten Sprössling ebenso gewissenhaft wie die Würfe davor. Seit das Kleine die Sasse unter dem Fingerhut aufgegeben hatte, schlief sie auch nicht mehr im Blumenbeet, wohin sie offenbar nur zurückgekehrt war, um das Häschen am Morgen im Blick zu haben. Stattdessen verbrachte sie die Tagesstunden nun zwischen Garten und Haus.

Häschen war kräftig, aber sehr klein und meist auf sich allein gestellt. Ich fand es eines Morgens unter einem Tunnel aus Lavendel, der sich nach und nach über den hindurchlaufenden Rücken von Hase und den Sprösslingen ihrer drei Würfe gebildet hatte. Anscheinend entdeckten alle jungen Hasen diesen Ort früher oder später für sich, und durch ihre dort entlangtrippelnden Pfoten wurde die Erde darunter immer glatter. Häschen saß auf seinem Hinterteil zwischen den Blüten und putzte sich das Gesicht. Von all ihren Jungen war dieses im Gebaren der Mutter am ähnlichsten, was vielleicht daran lag, dass es ebenfalls ein Einzelkind war. Doch die Zähigkeit, mit der es sich der Witterung und Fressfeinden entgegenstellte, hatte etwas Ergreifendes. Mir fiel auf, dass es am Morgen länger aktiv war als die anderen und härter für sein Futter arbeiten musste, auch wenn es mittlerweile zögerlich ins Haus schlich, um ein Maul voll Haferflocken zu ergattern, und danach schnell wieder verschwand. Die Ähnlichkeit zu Hase verstärkte zunehmend meinen Eindruck, dass es ein Weibchen sein musste.

Eines Abends lieferte mir Häschen ein perfektes Beispiel für die Tarnungskünste von Feldhasen. Ohne es zu wissen, ging ich an der Stelle vorbei, an der sie lag, versteckt hinter einem Haufen Grasschnitt, der zu Heu geworden war. Die älteren Hasenkinder ergriffen die Flucht, als ich vorbeikam, während die Kleinste sich so fest an den Boden drückte, dass nur noch der Kopf aus dem kurzen Gras ragte. Mit ihren kleinen, fest auf dem Rücken angelegten Ohren sah sie für alle Welt aus wie ein winziges Kitz. Wenn man bedachte, wie winzig sie war, bestand ihre beste Verteidigung immer noch darin, sich zu verstecken, anstatt zu flüchten, und tatsächlich tauchte sie erst wieder auf, als ich schon an ihr vorbei war.

Während der Sommerwochen betrat die Hasenmutter das Haus jeden Morgen um kurz vor acht und blieb dann bis zum Anbruch der Nacht. Oft verbrachte sie zwölf Stunden am Stück auf ihrer Bank, die Augenlider fest verschlossen. Manchmal blieb sie sogar noch länger und wir verbrachten den Abend gemeinsam, sie schlafend auf der Bank, während ich auf dem Sofa las, arbeitete oder telefonierte. Draußen trugen die Wolken noch einen Saum aus Licht. In unregelmäßigen Abständen rieb Hase ihre Stirn an der

Matte, die ich ihr zum Schlafen auf die Bank gelegt hatte und deren raue Fasern ihr als Haarbürste dienten. Immer wieder tauchten die Junghasen im Haus auf, um zu fressen. Bei Windstille hörte ich die gespenstischen Rufe der Schleiereulen, die sich zur Jagd bereit machten. Ab neun Uhr vormittags, nachdem sich die Hasen in ihre Verstecke zurückgezogen hatten, konnte ich schließlich hinausgehen und das Revier nutzen, das wir gemeinsam bewohnten. Es war kaum zu glauben, dass sich in dem stillen, sonnigen Garten manchmal nicht weniger als vier Feldhasen versteckten. Man hätte sie niemals bemerkt.

Einmal schüttete es untertags wie aus Eimern. Es stürmte und donnerte, während ich an meinem Schreibtisch saß und las. Hase lag auf ihrer Bank. Das ältere weibliche Junge hämmerte auf ein Kissen ein und erzeugte damit einen Lärm, der so laut und eindringlich war wie der Trommelwirbel einer Militärparade, nur noch schneller. Häschen hingegen lag zurückhaltend unter der Wildbirne und putzte sich im Regen das Gesicht. Plötzlich gab es einen dumpfen Knall: Das männliche Junge war in seiner Eile, dem Regenguss zu entkommen, neben mir gegen die Fensterscheibe gekracht. Das sonst so ausgeprägte Selbstvertrauen des kleinen Draufgängers war nun verpufft; er sah jämmerlich verwahrlost aus und kauerte bedröppelt auf dem Fensterbrett. Das Fell klebte ihm in dunklen, schlammverschmierten Zacken auf dem Körper, sogar vorne an der Stirn. Während es unablässig weiterschüttete, versuchte er, sich im Windschatten des Hauses zu trocknen, indem er das Brustfell mit langen Strichen seiner beweglichen Zunge aufplusterte. Und so saß ich da, umringt von Hasen, die hier Unterschlupf vor dem Regen suchten – und, wie ich feststellte, als ich einen Blick über meine Schulter warf, zwei nassen Rebhühnern, die an einem anderen Fenster kauerten. Zuerst verstand ich nicht, doch nach einer Weile dämmerte mir, dass der einsame Rothahn nun endlich eine Partnerin gefunden hatte. Wie wunderbar! Mein Blick schweifte hinaus auf die Felder, der Wind warf das Getreide mal hierhin, mal dahin, und ich dachte an die anderen Feldhasen und all die Gefahren, die ihre Jungen meistern mussten, um zu überleben. Für mich war dies der emotionale Höhepunkt eines wundersamen Abenteuers und ein Augenblick der ungetrübten Liebe für diese außergewöhnlichen Tiere.

Das heißt allerdings nicht, dass das Zusammenleben mit vier Hasen nicht auch seine Herausforderungen barg. Es war manchmal nicht so einfach, sich im Haus zu bewegen, ohne über einen ruhenden Hasen zu stolpern, oft an Orten, an denen man es als letztes erwartet hätte, wie zum Beispiel dem Treppenabsatz vor der Haustür, wenn ich gerade ausgehen wollte. Einmal, als ich nichtsahnend ins obere Stockwerk ging, wäre ich um ein Haar auf einen Hasen getreten, der auf einer Stufe felsenfest schlief. Er schreckte auf und rannte die Treppe hinauf, die Krallen panisch über den Teppich scharrend. Eine Entschuldigung murmelnd, machte ich auf der Stelle kehrt und lief in die andere Richtung. Unannehmlichkeiten gab es also durchaus, doch die einmalige Chance, das geheimnisvolle Wesen der Hasen aus nächster Nähe zu erleben, machte sie mehr als wett.

Eines Abends lief die Kleinere der beiden im Haus geborenen Hasen herein, sprang stückweise näher an mich heran, vorsichtig und mit flatternden Nasenlöchern, wippte auf den Pfoten auf und ab und begutachtete mich von allen Seiten. Sie schnüffelte an mir, ehe sie schnurstracks an mir vorbeilief, um sich im Haus weiter umzusehen. Ich saß zu diesem Zeitpunkt auf dem Boden. Und auf Augenhöhe mit diesem kleinen Geschöpf stellte ich fest, dass ihr ganzes Auftreten stark und wild war. Auch im Aussehen glichen die Hasenjungen ihrer Mutter mittlerweile immer mehr. Sie auseinanderzuhalten, fiel mir trotzdem nicht schwer, aus dem einfachen Grund, dass Hase immer auf mich zugelaufen kam, wenn ich mich näherte, während die anderen beiden fortrannten. Und nur sie besaß den einzigartigen Haarschopf unter dem Kinn, den ich schon gebürstet hatte, als sie ganz klein war und der mit dem Winterfell stets noch dichter wurde. Doch auch im Sommer, wenn sich das Büschel nach dem Fellwechsel lichtete, verschwand es nie ganz.

Manche Menschen hielten mich sicher für naiv, weil ich immer nur den Charme und die Schönheit der Hasen sah und niemals den Schaden, den sie menschlichen Projekten zufügen können. Ein Bekannter hatte zum Beispiel einen Wald angelegt und erzählte mir, dass ein Hase vor Kurzem in das frisch bepflanzte Gebiet eingedrungen war und einen beträchtlichen Teil der Setzlinge beschädigt hatte. Daraufhin rief er jemanden, der den Hasen aufspürte und erschoss. Beim Aufsammeln des leblosen Körpers mussten sie dann feststellen, dass es eine säugende Häsin war, also machten sie schweren Herzens die Jungen ausfindig und erschossen sie ebenfalls. Wenn jemand Geld investiert, um einen Wald anzulegen und bereit ist, ihn jahrzehntlang zu pflegen und für seinen Erhalt zu sorgen, ist das natürlich äußerst löblich, dennoch frage ich mich, ob man sich nicht etwas mehr Mühe hätte geben können, um den Hasen zu vertreiben oder die ansässige Population lebend einzufangen und an anderer Stelle anzusiedeln.

Umgekehrt gab es zahlreiche Menschen, die sehr viel Feingefühl und Güte bewiesen. Ein Freund zum Beispiel kam mir mit einem Rasenmäher zu Hilfe, um das Gras hinter dem Haus zu schneiden, weil ich befürchtete, dass dieser Bereich zum potenziellen Jagdrevier für Räuber geworden sein könnte. Seite an Seite durchkämmten wir zuerst das Gras, um sicherzugehen, dass sich dort keine versteckten Bewohner aufhielten. Mitten in dem Grasstück blieb der Freund dann plötzlich stehen und deutete auf eine Stelle, an der die Halme zu einem weichen Bett niedergedrückt worden waren und das Gras darüber ein schützendes

Dach bildete. Er schlug vor, nur einen Streifen direkt am Haus zu mähen, die Sasse jedoch nicht zu verändern und rundherum einen großen Puffer an hohem Gras stehenzulassen. Er schien verstanden zu haben, dass ich dieses rare Erlebnis mit den Hasen als großes Geschenk betrachtete. Natürlich konnte ich dem ganzen Spuk sofort ein Ende setzen, indem ich die Hasen aus dem Garten verjagte, ihnen den Zugang zum Haus verweigerte und zusah, wie sie sich – vielleicht – nach und nach wieder in der Landschaft verlören. Doch das wäre, als verschmähte man eine Gabe der Götter. Schon damals wusste ich in meinem Innersten genau, dass die Tage dieses Abenteuers begrenzt waren und kein Hase dem Lauf der Zeit entkommen konnte.

Wie verletzlich Hasen sind, wurde mir auf schmerzlichste Weise vor Augen geführt, als der August sich seinem Ende zuneigte. Ich kam am Morgen aus dem Schlafzimmer herunter und fand alle drei Jungen im inneren Garten vor. Die älteren beiden labten sich am üppigen Klee. Die kleine Einzelgängerin, an Körpergröße immer noch ein Bruchteil ihrer kurz zuvor geborenen Geschwister, lag abseits auf dem Bauch im sonnigen Gras. Als der Vormittag langsam verstrich, fiel mir auf, dass ihre Liegeposition irgendwie anders war als sonst, leicht eingedreht, der Kopf lag schief und das Hinterbein etwas seitlich abgespreizt. Ihr Brustkorb hob und senkte sich unregelmäßig. Etwas stimmte nicht. Sie schien nicht in der Lage zu sein, den Kopf zu heben und wirkte, als bereite ihr sogar das Liegen Mühe. Ich rief meine Mutter an und bat sie um Hilfe. Ich brachte es nicht über mich, hinauszugehen und Häschen hochzuheben, aus Angst vor dem, was mich erwartete. Ich fürchtete, dass sie Schmerzen haben könnte, und stand hilflos händeringend daneben. Häschen rührte sich nicht, als meine Mutter durch die Wiese auf sie zuging und sie mit größter Vorsicht aufhob. Als sie sie mir reichte, war ich von der schieren Länge ihrer Läufe überwältigt – zum einen, weil sie wunderschön waren und zum anderen, weil sie viel über Häschens Zustand verrieten. Wie es schien, hatte sie die Kontrolle über ihre Gliedmaßen verloren, die lose herab baumelten, während ich sie im Arm hielt. Ein gesunder Hase hätte die Läufe unter dem Körper eingezogen oder sich damit bei mir abgestützt. Ihre Muskeln jedoch waren völlig schlaff.

Es gab keine äußeren Anzeichen einer Verletzung. Häschens schlanker Körper, zuvor ein Muster an Eleganz und Kraft, war plötzlich schwach geworden. Ich konnte keine Körperspannung erkennen, keinen Widerstand, nur Resignation. Sie ließ zu, dass ich ihr etwas Milch aus der Flasche in den Mund tropfte, doch trinken konnte sie nicht. Wir betteten sie in Seitenlage neben den Kamin. Es war unübersehbar, dass sich ihr Leben dem Ende zuneigte. Ihre Schultern fühlten sich in meiner Hand so furchtbar zerbrechlich an, und als ich mich einen Augenblick über sie beugte, spürte ich unter meinen Fingern ihren kraftlosen Herzschlag.

Ein plötzlich aufgezogenes Sommergewitter entlud sich am Himmel über uns und durchnässte innerhalb von Minuten die Erde. Das kleine Häschen starb, wie es auf die Welt gekommen war, still und lautlos.

Wie im vollen Lauf hielt sie die Vorderpfoten nach hinten durchgestreckt, ganz so, als streife ihr Geist noch durch die offenen Felder, die sie nun nicht mehr erkunden konnte. Jedes Detail ihres Körpers war immer noch reinste Perfektion, von ihrem sanften, grauen Mund über die langen, geschmeidigen Ohren bis hin zu ihrem makellosen, weichen Fell mit diesem unbeschreiblichen Farbspiel. Auch nicht der feinste Pinsel der Welt könnte all die wunderbaren, reichen Facetten ihrer Schönheit einfangen.

Ich beerdigte Häschen unter dem Rosenstrauch in der Ecke des Gartens, wo sich die Erde nach dem Regen bereitwillig für sie öffnete. Ich kleidete das Grab mit langen, trockenen Grashalmen vom oberen Teil des Gartens aus und legte sie hinein. Sie schien eins zu sein mit den Farben der Erde, und dennoch leuchtete sie auf ihre ganz besondere Art. Das Haarkleid auf ihrer Brust schimmerte in den goldenen und kupferbraunen Schattierungen eines Feldhasen im Hochsommer. Ich legte die Hand auf sie, so als würde sie vielleicht doch nur schlafen. Aber sie war für immer fortgegangen und hatte alle Geheimnisse ihrer Existenz mitgenommen, nach weniger als drei Monaten auf dieser Welt, in denen sie so wenig gefordert und so viel Freude geschenkt hatte.

Ich weiß nicht, woran Häschen gestorben ist. Es war Sommer, die Witterung kann also nicht schuld gewesen sein. Die Verschlechterung kam schlagartig, als wäre sie verletzt oder vergiftet worden, doch es war auch gut möglich, dass sie schon länger immer schwächer geworden war und ich es einfach nicht bemerkt hatte.

In den letzten Tagen vor ihrem Tod hatte sie viele Stunden schlafend im Klee unter dem Küchenfenster verbracht. Ich hatte angenommen, sie ruhe sich lediglich aus, doch vielleicht ging es da bereits mit ihr zu Ende. Feldhasen sind anfällig für Krankheiten, aber Häschen hatte noch nie die Mauer überquert, um mit möglichen Überträgern in Kontakt zu kommen, und weder die Hasenmutter noch die beiden älteren Geschwister schienen irgendwelche Beschwerden zu haben. Ebenso wenig hatte sie ausgezehrt gewirkt oder andere Anzeichen einer Erkrankung gezeigt, wie etwa Durchfall oder Erbrechen. Mein Vater schlug vor, das Häschen zu exhumieren und zur Feststellung der Todesursache zu einem Tierarzt zu bringen, wenn ich mir deshalb Sorgen machte, aber allein die Vorstellung fühlte sich an, als würde ich sie entweihen.

In den ersten Tagen nach Häschens Tod tauchte die Hasenmutter nachts nur sporadisch auf und kam erst nach Einbruch der Nacht ins Haus. Beinahe konnte man den Eindruck gewinnen, sie kümmerte sich draußen in der weiten Natur um neuen Nachwuchs, während der Erntemond groß und bedeutungsschwer am dunklen Himmel hing. Ich fragte mich, ob sie die Abwesenheit ihres Jungen wahrgenommen hatte oder, wenn sie über die Mauer sprang, den Steinhügel in der Ecke des Gartens sah, wo es begraben lag. Doch im Grunde wusste ich, wie aufmerksam sie jede Veränderung in ihrem Umfeld wahrnahm und war daher sicher, dass sie das umgeknickte Gras entdeckt hatte und vielleicht stehen geblieben war, um es zu prüfen. Über mehrere Monate hinweg setzten weder die Hasenmutter noch die beiden älteren Jungen einen Fuß in den inneren Teil des Gartens – entgegen allen bisherigen Gewohnheiten. Vielleicht wussten sie mehr als ich.

Den ganzen September lang fürchtete ich, dass die beiden anderen Jungen oder Hase selbst auf ähnliche Weise krank werden könnten. Da ich keine konkreten Informationen über Vergiftungen bei Hasen finden konnte, schlug ich alle Pflanzen nach, von denen bekannt ist, dass sie für Kaninchen giftig sind, um dann nachzusehen, ob sie in meinem Garten wuchsen. Infolgedessen grub ich eine weiße Hortensie aus, die, wie ich las, für Mensch und Tier giftig ist, auch wenn sie schon im Garten war, lange bevor Hase hierherkam, und entfernte aus demselben Grund auch den Fingerhut, unter dem Häschen geboren war. Am Ende ließ ich die ganze Aktion jedoch fallen, als ich auf der Liste auf den Klatschmohn stieß, der in großer Menge an sämtlichen Feldrändern wuchs und von den Hasen komplett ignoriert wurde. Ich zog daraus den Schluss, dass Feldhasen sicherlich wüssten, welche Pflanzen für sie giftig sind und welche nicht, sodass der Rest des Gartens von meiner Rache verschont blieb.

Wieder und wieder ging ich alle möglichen Erklärungen durch, einschließlich der Theorie, dass der Tod des kleinen Hasen vielleicht mit der Doppelträchtigkeit der Mutter zu tun haben könnte. Allerdings fand ich keinen Hinweis darauf, dass Hasenjunge, die infolge einer Superfetation geboren werden, schwächer sein könnten als die Jungen aus anderen Würfen. Doch das Ereignis blieb eine stete Erinnerung an die hohe Sterblichkeit von Feldhasenjungen und an die Verwundbarkeit dieser Lebewesen. Das Bild des kleinen Häschens, das ich für immer in meiner Erinnerung behalten werde, ist das einer kleinen, würdevollen Gestalt, die ihren Blick in den Sonnenuntergang richtet.

14. Blutige Ernte

Was ist der Mensch doch ein zerstörerisches, grausames Wesen, wie viele verschiedenartige Lebewesen, Pflanzen er vernichtet hat, um sich das Leben zu erhalten.

Lew Tolstoi, *Hadschi Murat*, 1912

Am Tag nach Häschens Tod krochen zwei riesige Traktoren, die im Tandem arbeiteten, durch das Kartoffelfeld im Osten meines Hauses. Einer zog eine Erntemaschine, der andere einen großen Anhänger. Die Kartoffeln und das umliegende Erdreich wurden ausgehoben, in das Maul der Maschine gesaugt und über ein Gitter transportiert, das die Knollen aussortierte und dann über ein Fließband in den Anhänger fallen ließ, während die übrigbleibende Erde in die Rillen und Furchen ausgeworfen wurde, die das schwere Gerät hinterließ. Der Anblick verstärkte mein Gefühl von Hilflosigkeit nach dem Tod des Hasenjungen. Meine noch frischen Gefühle wurden so tief aufgewühlt wie der Boden.

Am späten Nachmittag des darauffolgenden Tages war die Arbeit abgeschlossen. Die Traktoren zogen sich zurück, das Land lag nackt und geräuschlos da. Kein Trillern einer Lerche. Ich ging hinaus und trat aus dem Grasgürtel in den abgeschorenen, ausgeweideten Acker. Die Erde war leergeräumt, die Rillen schnurgerade, mit Präzision gezogen, die Erde darin war vom Gewicht der riesenhaften Reifen hart wie Beton. Ich hatte zuvor schon viele Ernten erlebt, doch zum ersten Mal hatte ich das Gefühl, näher hinsehen zu müssen. Dieses Mal nahm ich es persönlich.

Keine zehn Schritte weiter stieß ich auf den Kadaver eines jungen Feldhasen. Zermalmt, mit freiliegenden Eingeweiden in den Dreck gequetscht, lag er eben den fortgeworfenen Wurzeln der Kartoffelpflanzen. Etwas weiter vorne schreckte ich einen noch jüngeren Hasen auf, der an Schwanz und Hinterläufen blutete. Er war vielleicht zwei Wochen alt, eine jämmerliche, winzige Gestalt inmitten der gewaltigen Reifenfurchen. Ich versuchte mehrmals, mich ihm vorsichtig zu nähern, doch er, verwirrt und verletzlich, hinkte vor mir davon. Er flüchtete in kurzen, zögerlichen Etappen entlang einer Erdfurche und verschwand aufgrund seiner Fellfarbe, die von dem Untergrund kaum zu unterscheiden war, bald in diesem Meer aus zerwühlter Erde. Als ich ganz in der Nähe am Feldrand einen erwachsenen Feldhasen entdeckte, folgte ich dem Hasenjungen nicht mehr länger, damit es nicht noch tiefer in die Mitte des Feldes lief, wo es sichtbarer für Krähen und Falken wäre und seine Mutter keine Chance mehr hätte, es zu finden.

So stand ich schließlich am Rand des über fünf Hektar großen Ackers und fragte mich mit wachsender Verzweiflung, wie viele weitere Feldhasen, oder wie viele bodennistende Vögel, unter diesen unerbittlichen Rädern zermalmt worden waren und nun in den Furchen lagen oder von den braunen Erdklumpen verschüttet worden waren. Und dies war nur ein Tag von vielen, eine Ernte von vielen, eine Szene, die sich in jedem Land auf der ganzen Welt unablässig wiederholte.

Ich sorgte mich um Hase und hatte Angst, dass sie vielleicht zum Zeitpunkt der Ernte auch da draußen auf dem Feld gewesen sein könnte. Als ich am nächsten Tag erwachte, galt mein erster Gedanke dem Hasenjungen, das ich gesehen hatte, und ich hoffte, dass es überlebt hatte. In der ersten Morgensonne ging ich hinaus, um nach ihm Ausschau zu halten, obwohl ich wusste, dass die Aktion zwecklos war. Das Junge konnte ich nicht finden, doch ein mächtiger Bussard, der auf dem Boden stand und an etwas in seinen Klauen zerrte, führte mich zu dem Kadaver eines zweiten, diesmal ausgewachsenen Hasen, der von einem Reifen getötet worden war, was darauf hindeutete, dass nicht nur Jungtiere vor Schreck erstarrten, wenn diese gigantischen Maschinen mit ihrem Getöse und ihrer schieren Größe auf sie zukamen. Aus Angst, worauf ich sonst noch stoßen könnte, ging ich keinen Schritt mehr weiter. Der Bussard bewegte sich ein Stück, als er mich sah, da fiel mir auf, dass er einen seiner mächtigen Flügel hinter sich herzog. Aus nächster Nähe sah er aus wie ein Adler, mit gekrümmtem Schnabel und furchteinflößenden Klauen. Doch auch er war verletzt. Zeitpunkt und Ort ließen darauf schließen, dass es sich nicht um einen Zufall handelte. Hatte er einen von den Traktoren getöteten Hasen gesehen und war hinabgetaucht, um ihn zu fressen, nur um dann selbst in die Maschine zu geraten?

Meine Schwester kam zu mir, fing den Vogel ein und wickelte ihn in eine Decke. Sie brachte ihn zum Tierarzt, der an zwei Stellen des Flügels komplizierte Brüche feststellte. Selbst bei einer vollständigen Heilung der Verletzungen, wäre sein Flug für immer beeinträchtigt gewesen und er hätte keine Chance gehabt, draußen zu überleben. Was bliebe, wäre ein armseliges Leben in einem Käfig. So befand der Tierarzt, dass es wohl am besten wäre, ihn einzuschläfern. Was für ein sinnloser Tod eines so majestätischen Tieres, das so grausam aus den Lüften gerissen wurde.

Klar wusste ich, dass die Natur sich wieder erholen würde. Einige der Hasen waren sicherlich entkommen, andere hatten ihre Jungen wohl in Sicherheit gebracht. Die Lerchen würden, so hoffte ich, irgendwann zurückkehren. Doch klar war auch, dass das schwere Gerät, das ich bei der Arbeit beobachtet hatte, ausnahmslos auf wirtschaftliche Effizienz getrimmt war und den Zweck verfolgte, in kürzester Zeit so viele intakte Kartoffeln wie möglich zu ernten, und das mit minimalem Einsatz menschlicher Arbeitskraft, obgleich hier zweifellos menschliches Know-how involviert war. Wie sich jedoch gezeigt hatte, war der Prozess definitiv nicht darauf ausgerichtet, das Risiko für die Tierwelt gering zu halten oder wenigstens zu reduzieren. Mittlerweile werden in vielen Industrieländern auch Ernteroboter eingeführt, was zu einer weiteren Automatisierung des Vorganges führt, alles im Namen des Fortschritts und der Effizienz.

Doch wenn Roboter und Drohnen schon so weit entwickelt sind, dass sie die Ernte auf unseren Feldern übernehmen, könnten wir die modernen Technologien dann nicht auch dazu nutzen, Feldhasen, Rehkitze und nistende Vögel aufzuspüren? Und ein wenig Aufwand betreiben, um sie umzusiedeln, anstatt einfach hinzunehmen, dass sie unter unseren Maschinen zermalmt werden? Ich konnte mir vorstellen, dass sich bestimmt Freiwillige finden würden, die dabei halfen.

Ich hätte es bestimmt getan, wenn ich über die Kartoffelernte zuvor Bescheid gewusst hätte. Wir könnten anhand von Studien die erforderlichen Bedingungen für das Überleben von Feldhasen und anderen Tieren, die in landwirtschaftlichen Flächen Unterschlupf finden, weiter erforschen und entsprechende Schutzmaßnahmen einführen. Das könnten zum Beispiel verpflichtende Dauergrünstreifen rund um das Kulturland sein, oder die Schaffung anderer Brachen, die ungestörte Verstecke für Wildtiere inmitten intensiv genutzter Ackerflächen bieten.

Tatsächlich stellten die Eigentümer des Ackerlandes rings um mein Haus in jenem Herbst auf Bio-Landwirtschaft um, säten Kräuter und Leguminosen aus, um die Bodenstruktur zu verbessern und ließen am Rand aller Felder breite Wildblumenstreifen stehen. Auf diese Weise würden in Zukunft mehr Bestäuberinsekten angezogen und ein geschützter Lebensraum für Laufkäfer, Spinnen, Marienkäfer, Wühlmäuse und Mäuse entstehen – was auch eine Bereicherung des Futterangebots für Eulen bedeuten würde. Ich hoffte aber auch, dass dadurch sichere Nistplätze für Bodenbrüter wie Kiebitze und Brachvögel sowie natürlich auch für Feldhasen geschaffen würden.

Angefangen von der Jagd über die Landwirtschaft bis hin zur Zerstörung von Lebensräumen haben wir den Feldhasen über die Jahrhunderte hinweg viel Schaden zugefügt. Aus Gründen wie sportlicher Ambition – in anderen Worten: zu unserer reinen Belustigung – oder unserem pausenlosen Streben nach wirtschaftlicher Effizienz haben wir die Natur einem Druck ausgesetzt, dem sie und ihre tierischen Bewohner nicht standhalten können. Solange der Reigen der Jahreszeiten immer von neuem beginnt und der Mensch die Fähigkeit hat, sich anzupassen, besteht immer die Hoffnung, dass wir Dinge anders machen. Doch in diesem ebenso wie in vielen anderen Bereichen sieht es eher danach aus, als würden unsere Gewohnheiten und Methoden zu noch mehr Raubbau führen. Den rasch schwindenden Rest unberührter Natur, der uns noch bleibt, vernichten wir immer weiter, da wir den Bedürfnissen der Gegenwart immer den Vorrang vor unseren Zielen für die Zukunft einräumen.

Wir haben vergessen, dass wir von der Natur abhängig sind. Wir bringen jenen Menschen, die unsere Nahrungsmittel anbauen und in vielerlei Hinsicht auch über unsere Landschaft wachen, die jedoch einem enormen wirtschaftlichen Druck ausgesetzt sind, kaum Wertschätzung entgegen. Unser gesamtes Wertesystem ist aus den Fugen geraten, und den Preis dafür zahlen die Wehrlosen, egal ob Mensch oder Tier. Wenn wir nicht aufpassen, haftet – wie an so vielen Bereichen menschlichen Strebens – auch an unserer Ernte Blut.

Als ich ein Kind war, konzentrierten sich die Naturschutzkampagnen auf die Rettung großer Tierarten wie Löwen oder Elefanten. Doch meiner Ansicht nach hat der Feldhase dasselbe Recht auf ein würdevolles Leben auf dieser Erde. Es wäre für uns Menschen ein Leichtes, Hasen und anderen Geschöpfen etwas mehr Platz einzuräumen und selbst ein bisschen weniger in Anspruch zu nehmen – dem Vorbild der Hasen folgend –, und gleichzeitig eine ausreichende, nachhaltige Nahrungsmittelproduktion sicherzustellen, um den Bedarf der Bevölkerung zu decken. Wir könnten bei der Bewirtschaftung unserer Wälder neue Wege gehen, wir könnten Feldhasen, die in weniger dicht bewaldeten Bereichen ruhen und Unterschlupf finden, einen Lebensraum bieten und wir könnten sicherstellen, dass sie auch im Winter ausreichend Gräser und Kräuter finden, um während der mageren Monate des Jahres nicht auf Baumrinden und Zweige angewiesen zu sein. Wir könnten waldähnliche Lebensräume in die Landschaft einstreuen – mit Sträuchern, Baumgruppen, Hecken – in denen die Tiere Futter finden und sich vor landwirtschaftlichen Maschinen in Sicherheit bringen können, so wie es viele Menschen heute bereits versuchen. Und wir könnten unsere Beziehung zu Feldhasen wesentlich verbessern, indem wir nicht immer gleich zur Schrotflinte greifen, wenn sie unseren Plänen in die Quere kommen. Ein so seltenes und harmloses Tier verdient es, dass wir zumindest darüber nachdenken. Oder um es mit den Worten von Henry David Thoreau zu sagen: »Dieses ist der einzige Weg, sagen wir, aber es gibt so viele Wege, wie Radien von einem Mittelpunkt ausgehen können.«

Ich kehrte nach Hause zurück, tief getroffen von dieser Vernichtung unschuldigen Lebens und in umso größerer Sorge um die Sicherheit von Hase, die nun schon seit Tagen nicht aufgetaucht war. Ich hatte Angst, dass der Körper, den ich auf dem Feld gefunden hatte, ihrer gewesen war, denn es war durchaus denkbar, dass sie versucht haben könnte, ihre Jungen zu schützen.

Der Tod des jüngsten Häschens, das Blutbad auf dem Kartoffelacker und die Abwesenheit der Hasenmutter zerschlugen die Illusion von Ruhe und Frieden, in der ich bis dahin gelebt hatte. Hase und ihre Jungen waren unweigerlich den Gefahren ausgeliefert, die von der Natur, der Zeit und dem Handeln des Menschen ausgingen. Die Felder ringsum waren kein isoliertes Land, sondern Bestandteil regionaler und nationaler Wirtschaftsmechanismen, die von individuellen und kommerziellen Interessen, Gesetzen und dem Handeln einer ganzen Gesellschaft beeinflusst wurden. Ich war tief bewegt von der Erkenntnis, wie wunderschön, aber auch wie vergänglich die Zeit war, die ich mit diesen Wildtieren verbringen durfte. Manchmal erwischte ich mich dabei, dass ich meine Erfahrung bereits in der Vergangenheit verortete, als blickte ich voll Trauer darauf zurück. Als wären meine Tage, Monate und Jahre mit den Hasen eine Insel der Zeit, von der ich fortgespült worden war und zu der ich nie wieder zurückkehren konnte.

Diese Gefühlsachterbahn und wohl auch die ungewöhnliche Üppigkeit des Herbstes in jenem Jahr führten dazu, dass die Natur mich völlig in ihren Bann zog. Jede Beobachtung löste in mir eine Welle der Neugierde aus. Möglicherweise versuchte ich damit, diese intensive Zeit in meinem Kopf zu verankern, bevor sie vorbei war, oder es erwachten Empfindungen, die bisher in mir geschlummert hatten und von nun an den Lauf meines Lebens für immer verändern würden. Wieder hortete ich haufenweise Bücher, diesmal jedoch über Vögel, Landwirtschaft, Bodenbeschaffenheit, Pflanzenanbau, Ernte und Wilderei. Sie wurden kistenweise aus der Leihbücherei geliefert und hatten oft ganz vergilbte Seiten voller Altersflecken. Meine Freunde merkten an, dass ich aktuelle Forschungsergebnisse auch im Internet recherchieren könne, doch ich wollte lieber ein echtes Buch in Händen halten und nicht vor einem Computerbildschirm sitzen.

Mir wurde bewusst, wie beschränkt mein Vokabular war, wenn es um Farben ging, und wie schnell ich bei der Beschreibung der Nuancen einer Landschaft an meine Grenzen stieß. In einem Buch las ich über den deutschen Mineralogen Abraham Gottlob Werner, der eine Nomenklatur der Farben nach je einem tierischen, pflanzlichen oder mineralischen Äquivalent schuf. Seine Arbeit war so bahnbrechend, dass sogar Charles Darwin ein Buch mit Farbmustern, die auf Werners System fußten, mit auf die HMS *Beagle* brachte. Ich war begeistert von Werners Benennungen der Farben: »das bläulich-grün« nach dem »Ei der

Drossel«, das »Strohgelb« des »Eisbären«, das »Preußisch Blau« wie der »Fleck auf dem Flügel der Tafelente«, das »Auripigmentorange« auf dem »Bauch des Bergmolchs« oder das »Arterienblutrot« auf dem »Kopf des Stieglitzmännchens«.

Manchmal trieb meine Begeisterung seltsame Blüten. Ein Freund zeigte mir ein Online-Tool für die Erkennung von Vogelstimmen. Als wir dann draußen damit experimentierten, waren wir für eine Weile schrecklich aufgeregt, weil sich laut Suchergebnis ein exotischer Vogel aus Südostasien in unserer Nähe aufhielt, das sogenannte »Bankivahuhn«. Atemlos schlug ich den mysteriösen Vogel nach, nur um zu lesen, dass es sich um die Art handelte, deren wissenschaftlicher Name *Gallus gallus* lautet: das gemeine Haushuhn.

Jede meiner Neuentdeckungen verwies auf vergessene Welten. Ich erinnerte mich zum Beispiel daran, wie sorgfältig Hase manche Halme im Garten auswählte und andere links liegenließ, ein Gedanke, der die Neugier in mir aufkeimen ließ. Der Speiseplan eines Schneeschuhhasen beinhaltet, wie ich las, Arten mit teils kuriosen Namen wie Wiesen-Rispengras, Großes Springkraut, Katzenpfötchen und Schachtelhalm, während Polarhasen sich von Steinbrech, Krähenbeere und Kraut-Weide ernähren; Wüstensalbei und Kakteen sichern das Überleben des Antilopenhasen in den Wüsten von Kalifornien und Mexiko, während der Feldhase in der kargen Umgebung des Vesuvs mit Geißraute und Schmalblättriger Lupine, die auf den

Vulkanhängen blühen, sein Auskommen findet. Auch wenn diese Pflanzen sehr sprechende Namen hatten, war mir keine von ihnen geläufig, und so fragte ich mich, was in dem wilden Gewirr aus Gräsern, durch das sich Hase jede Nacht mit Bedacht ihren Weg suchte, noch alles verborgen lag. Und mir wurde klar, dass die Menschen früher eine viel stärkere Bindung zur Natur hatten und wesentlich besser darüber Bescheid wussten als wir heute.

Den Blick auf den Boden geheftet durchstreifte ich die Feldränder, deren grünes Pflanzendickicht ich zuvor achtlos in grobe Formen, Texturen und Farben eingeteilt hatte. Im Dahinwandern sammelte ich Pflanzenproben, blieb von Zeit zu Zeit stehen, um ein Büschel Blätter, ein Zweiglein oder einen der zahllosen Wedel und Halme abzuknipsen, die der Wind zu Wellen und Wirbeln in fein abgestuften, mit Worten nicht zu beschreibenden Nuancen von Smaragdgrün verblies.

Kein Raubvogel stürzte sich je mit größerem Eifer auf seine Beute als ich nun auf jede neue Entdeckung. Egal ob Laubblätter oder prall gefüllte Samenstände, alles hielt ich gegen das Licht. Jeden Fund fügte ich meinem improvisierten Botanikerinnenbeutel hinzu, der nichts anderes war, als eines dieser Stoffnetze, die man im Supermarkt für Obst und Gemüse verwendet, meiner war aber dafür nie zum Einsatz gekommen. Überall waren plötzlich Pilze und Schwämme aus dem Boden geschossen, die mir sämtlich unbekannt waren: samtig, fleischig und verlockend sahen sie aus, waren aber höchstwahrscheinlich giftig.

Sobald ich zu Hause ankam, kippte ich meine Beute auf ein weißes Blatt Papier und verbrachte eine gute Stunde damit, alles eifrig zu sortieren, aufzulegen und zu bestimmen. Ich fand Kletten, Bärenklau, Wegwarte, Ackerveilchen, roten und weißen Klee, ein Zottiges Weidenröschen, Reiherschnabel, Wiesen-Knäuelgras, Katzengras, Floh-Knöterich, Mädesüß, Weißes Straußgras, Ehrenpreis, Weidelgras, Wiesenmargeriten und Ackermelde. Die weißen Blütendolden, die ich zwischen den Getreidestoppeln entdeckte, stellten sich als Wilde Möhre heraus, die angeblich bereits um 800 vor Christus in den königlichen Gärten von Babylon wegen ihrer würzig riechenden Blätter und Samen kultiviert wurde. Das Gänseblümchen, das »eye of day«, beziehungsweise »day's eye« (sprich: daisy), das Chaucer bereits als »Kaiserin und die Blume aller Blumen« bezeichnete, öffnet und schließt seine Kronblätter mit der auf- und untergehenden Sonne. Selbst wenn man von meiner wissenschaftlich völlig inexakten Methode des Pflanzensammelns absah, fiel doch auf, dass ich nur einen Bruchteil jener Gräser finden konnte, die in der Fachliteratur als in England häufig vorkommend gelistet wurden, was möglicherweise auf einen beschleunigten Rückgang der Artenvielfalt infolge intensiver Landwirtschaft hindeutete.

Zusätzlich beschäftigte ich mich mit alten Heilkräuterkompendien, sogenannten »Herbarien«. In einem davon las ich, dass man den Heilziest, den ich in der Umgebung gefunden hatte, anstelle von Mull zum Verbinden einer Wunde einsetzen konnte. Das am Teichufer wachsende Wiesen-Kammgras eignete sich zum Flechten von Strohhüten und aus den Halmen seiner entfernten Verwandten, der Flatter-Binse, konnte man Strohmatten oder Rohrgeflecht für Stühle anfertigen, während das Mark im Inneren früher als Docht für Öllampen verwendet wurde.

Die wenig ansprechenden Blätter des Ackersenfs konnte man tatsächlich zum Würzen heranziehen – oder als Heilmittel gegen Ohreninfektionen; Flug-Hafer lockt angeblich Forellen an und Hirtentäschelkraut stillt schwere Blutungen. Laut einem Familien-Herbarium aus dem Jahr 1810 rührt der lateinische Name für Schafgarbe, *Achillea millefolium*, von deren blutstillenden Eigenschaften und ihrer historischen Anwendung als Mittel zur »Vernarbung« oder Heilung von – wie Achilles – auf dem Schlachtfeld verwundeten Soldaten. Etwas sachlicher fügt der Autor hinzu, diene es auch zur Linderung »blutender Hämorrhoiden«.

In den Herbarien stolperte ich auch über eine mysteriöse Krankheit aus dem Mittelalter namens »Antoniusfeuer«, die bei Betroffenen Anfälle, Hautbrennen, Hysterie und Wundbrand verursachte und durch den Verzehr von Brot aus Roggen – der Kulturform des Grases, das ich in Händen hielt –, ausgelöst wurde, wenn dieser durch den Mutterkornpilz *Claviceps purpurea* verunreinigt war. Wovon ich nur gelesen hatte, was sich in meinem Beutel jedoch nicht fand, waren all die Pflanzen und Gräser, die nach Hasen benannt waren: Hasen-Klee, Hasenfuß-Segge oder Hasenschwanzgras, das angeblich Tausende schneeweiße Blütenrispen ausbildet.

Wenn der Feldhase aus dem Vollen schöpfen kann, wählt er seine Futterpflanzen nach ihrem Nährwert aus, wobei er jene bevorzugt, die reich an Fetten und Proteinen, Eisen und Kalzium sind, wie etwa der Rot-Schwingel, das kriechende Straußgras oder roter und weißer Klee, die ich bei meinen kleinen Ausflügen in die Amateur-Botanik allesamt gefunden hatte. Im Zuge meiner Nachforschungen bestätigte sich auch, dass der Fingerhut, unter dem das Häschen immer gekauert hatte, sowohl im Volksmund als auch in der Realität für seine Giftigkeit bekannt ist: In alten Legenden heißt es, der Fingerhut sei die Lieblingspflanze der Elfen – sie allein könnten die aus den Blütenglocken ertönende Musik hören – und dass über jeden, der ein lebendes Exemplar davon in seinen Garten verpflanzt, die Verdammnis hereinbräche. Die Blätter des Fingerhuts verursachen, wenn man sie zerkaut oder daran lutscht, schwere Vergiftungen, die bis zum Herzstillstand führen können. Obwohl das kleine Häschen nach seiner Zeit unter dem Fingerhut noch lange gelebt hatte, konnte ich den Gedanken nicht abschütteln, dass die Pflanze – und damit ich – möglicherweise eine Rolle bei seinem Tod gespielt hatte.

Trotz dieser traurigen Vorstellung bescherte mir die

paradoxe Erkenntnis, dass ich kaum etwas über die Welt der Gräser und Bäume wusste, es mir aber viel Freude bereiten konnte, sich einen, wenn auch noch so kleinen, Wissensvorrat zuzulegen, großes Glück. Jeder Neubeginn verschafft uns ein Gefühl von Schwung und ungeahnten Möglichkeiten. Ich stieß schnell an die Grenzen meines Wissens, verlor mich im Dickicht wissenschaftlicher Bezeichnungen, während ich das neue Wissen in Form von vielen kleinen Lichtblitzen in mich hineinsaugte. Die Einzelheiten verflogen schneller aus meinem Gedächtnis als ich die reifen Samen im Vorübergehen von den Grashalmen streifte, schneller als sich die haarigen Schirme einer Pusteblume in alle Winde zerstreuten. Doch jede neue Entdeckung, wie zum Beispiel ein Komet, der unseren Nachthimmel durchquerte, erweiterte meine Wahrnehmung der Welt und hinterließ in meinem Innersten ein Gefühl der Freude und Wärme. Jedes Rotkehlchen, das im Frühherbst in einem Baumwipfel saß und mit seinem durchdringenden Gesang einen ganzen Wald erfüllte, ließ mein Bewusstsein und damit meine Dankbarkeit, dass der Hase in mein Leben getreten war, wieder ein Stück wachsen.

Meine Neugierde lockte mich eines Abends nach Einbruch der Dunkelheit hinaus ins Freie, angetrieben von dem Wunsch, die Welt wie Hase bei Nacht zu erleben. Für die Jahreszeit war die Nacht ungewöhnlich warm und ruhig. Ich ging den Weg hinunter, hielt mich aber auf dem Mittelstreifen, um meine Schritte zu dämpfen, die sonst in meinen Ohren widerhallten wie Donnerschläge.

Kaum hatte ich den höchsten Punkt des Hügels erklommen, verschwand mit einem Mal der vertraute Schein aus den erleuchteten Fenstern meines Hauses. Und in derselben Sekunde war mein Selbstvertrauen wie ausgepustet. Die Nacht drängte auf mich ein. Eine Schar Wildgänse auf Wanderschaft zog über meinem Kopf vorüber, ihre vertrauten Rufe klangen plötzlich unheimlich. Unbegreiflich, wie sie in der Dunkelheit ihren Weg finden konnten. Wolken schoben sich vor die Sterne und verdeckten auch das Sternbild des Hasen, der von antiken Astrologen so benannt wurde, weil er zu Füßen des Himmelsjägers Orion liegt. Mir kam die Geschichte einer germanischen Göttin in den Sinn, deren Gefolge aus fackeltragenden Hasen bestand, und dachte, wie praktisch eine derartige Begleitung in meiner Situation wäre. Rings um mich schlichen, hopsten, sprangen, flatterten, krochen und schnappten – für meine Augen unsichtbar – die Wesen einer nächtlichen Gesellschaft, der ich nicht beitreten konnte. Ich konnte ebenso wenig mit den Augen eines Hasen sehen, wie ich mich in den Körper eines Hasen hineinzaubern konnte. Vielleicht lag die wahre Zauberei der Hasen-Hexe in dem Wunsch, den sie beflügelt: einmal der menschlichen Gestalt zu entfliehen, wenn auch nur für einen kurzen Moment. Einmal über Stock und Stein zu rennen, schnell und kraftstrotzend wie ein Hase, ohne je müde zu werden;

seine Sinne zu besitzen und genüsslich in die Welt des Hörens, Riechens und Spürens einzutauchen, die so viel größer ist als unsere eigene; und einmal mühelos durch die Nacht zu streifen als wäre es helllichter Tag.

Begleitet von dem Geschrei zweier Käuze, die vom Wald herüberriefen, kehrte ich zum Haus zurück und knipste in jedem Zimmer, das ich betrat, das Licht an. Ich drückte auf den Schalter im Wohnzimmer und sah Hase, die dort gemütlich auf dem Bauch lag, die schlanken Vorderpfoten nach vorne ausgestreckt, als wäre sie nie fort gewesen. Dabei waren es zwei Wochen gewesen. Mit ihrem kryptischen Blick fixierte sie das Feuer. Sie sah aus wie ein lebendig gewordener Dürer-Hase: Das Fell glänzte in warmen Braun- und Goldtönen, die Augen reflektierten den Schein des Feuers. Sie zuckte nicht, als plötzlich das elektrische Licht anging, sondern starrte nur weiter in die Flammen. Ich fragte mich, was sie ins Haus gelockt hatte: eine Art instinktive Sehnsucht nach ihrem Zuhause, oder die Wärme des Feuers? Einmal mehr war es ihr gelungen, mich zu überraschen und gerade dann aufzutauchen, wenn ich am wenigsten mit ihr rechnete und die Hoffnung schon beinahe aufgegeben hatte.

15. Geheime Wege

Kein wildes Tier stirbt an Altersschwäche. Sein Leben wird früher oder später ein tragisches Ende nehmen. Die Frage ist nur, wie lange es seine Feinde auf Abstand halten kann.

Ernest Thompson Seton, *Wild Animals I Have Known*, 1898

Im Alter von vier Monaten wurden die Schnauzen und Ohren der kleinen Hasen länger, ihre dünnen Flanken plusterten sich auf und ihr Fell nahm in Vorbereitung auf den Winter einen staubgrauen Ton an. Als ihre Mutter im selben Alter war, hatte sie erstmals die Mauer bezwungen, und es war nur noch eine Frage der Zeit, bis sie es ihr nachmachen würden. Ich hoffte nur, dass sie den Weg zurückfinden würden, wenn es dann so weit war – falls sie das wollten oder mussten – und dass sie in der Landschaft da draußen, die mit ihnen darin so unendlich viel schöner war, ein langes, unbeschwertes Leben in Freiheit führen würden. Ihr sicherer Hafen sollte in ihrem angestammten Lebensraum liegen und nicht in der künstlichen Umgebung einer menschlichen Behausung, egal wie sehr man dort ihren Bedürfnissen entgegenkommt. Dennoch werde ich mich immer fragen, auch noch in vielen Jahren, ob hinter einem sanften Zittern im Gras nicht vielleicht ein zusammengekauertes, schwarzäugiges, wachsames Hasenjunges steckt.

Das Männchen der Geschwisterhasen wurde immer lebhafter. Oft stand es in voller Größe unter den wehenden Zweigen eines hohen Hundsrosenstrauches und blickte eifrig prüfend und mit spitz aufgerichteten Ohren hinaus über die Felder, zuckend vor Neugierde. Dann sprang es oben auf die Mauer und lief den schmalen Grat neben den Firststeinen entlang, stellte sich von Zeit zu Zeit auf die Hinterbeine und beugte sich weit über den First hinaus, bis seine Läufe sich gerade noch so auf der Seite seines »Zuhauses« abstützten, die Vorderpfoten jedoch längst nach der Wildnis griffen. Jeder Muskel seines Körpers verriet, dass er zwischen der Verunsicherung und dem Reiz des Verbotenen hin und hergerissen war. Immer, wenn er kurz davor war, hinunter ins Feld zu springen, machte er einen Rückzieher, wandte sich um und sprang zurück in den Garten, als schreckte ihn der Sprung ins Ungewisse am Ende doch zu sehr ab. Doch nur wenige Stunden später würde er wieder auf die Mauer springen, manchmal fast eine Stunde lang dort verweilen und das Feld beobachten.

Aus seiner Sicht muss eine bestimmte Szene, die sich draußen auf dem Feld abspielte, mehr als spannend gewesen sein. Im ersten Licht eines Oktobermorgens beobachtete ich eine Gruppe von fünf Feldhasen, die sich in einer Ecke des Stoppelfeldes versammelt hatten. In ihrer Mitte befand sich, wie ich annahm, das Weibchen, da es von allen anderen Hasen mit Aufmerksamkeit überschüttet wurde. Sie hatte ihnen den Rücken zugewandt und hockte mit flach angelegten Ohren im Gras.

Einer der umstehenden Hasen jagte einen anderen davon, indem er sich vor ihm aufbäumte. Kaum war er den Rivalen losgeworden, rückte er näher an das Weibchen heran und machte sich groß, indem er die Vorderpfoten kerzengerade durchstreckte. Das Weibchen drehte sich zu ihm um und näherte sich ihm mit der Nase. Kaum hatten sie sich berührt, sprang der männliche Hase auf allen Vieren vor ihr in die Höhe und landete danach wieder an derselben Stelle. In diesem Augenblick grätschte ein anderer Hase mit einem ähnlichen vertikalen Sprung dazwischen und verdrängte den Vorgänger.

Der Eindringling wies in seinem Winterfell einen außergewöhnlich dunklen Streifen über dem Schwanz auf, außerdem schien er größer zu sein als seine Mitbewerber. Nun unternahm er ein paar vorsichtige Schritte auf das Weibchen zu, sie jedoch schien von alledem genug zu haben und entfernte sich, um sich einem Fleckchen welker Disteln zu widmen. Alle vier Verehrer folgten ihr. Das dunkel gemusterte Männchen brachte sich rechts neben ihr in Position, woraufhin sie nach links abdrehte und in einem leichtfüßigen Manöver zurück ins Feld lief, um ihn abzuhängen. Dort schraubte sie sich in die Luft, vielleicht als Zeichen des Übermuts, vielleicht aber auch als Drohgebärde, wonach die vier sich wieder im Kreis um sie versammelten.

Wieder näherte sich ihr der dunkle Hase, streckte sich mit seinem ganzen Körper nach ihr und reckte die Nase nach vorne. Das Weibchen sprang zur Seite, rannte jedoch nicht fort, was er zu seinem Vorteil nutzte, um sich ihr wieder auf dieselbe unnachgiebige, fordernde Art zu nähern, den Kopf maximal nach vorne überstreckt und die Vorderpfoten stocksteif. Das Hasenweibchen senkte leicht den Kopf, sodass er nun über ihr stand, daraufhin machte er den Hals lang, bis sich ihre Nasen beinahe berührten, alle vier Ohren waren kerzengerade aufgestellt. Erst wich sie ein wenig zurück und legte die Ohren an – als wäre sie noch unentschlossen –, ehe sie sich wieder nach vorne neigte und ihre Nasen sich trafen.

Gerade als es den Eindruck machte, als hätte er sie für sich gewonnen, stellte sie sich auf die Hinterbeine und verpasste ihm mit der linken Vorderpfote einen Hieb auf die Nase. Er wich zurück und reagierte auf die Brüskierung, indem er sich, strotzend vor Stolz und latenter Aggression, ebenfalls aufrichtete. Für eine Sekunde verharrten sie reglos voreinander, er bereits mit erhobener Pfote, sie halb stehend, halb sitzend, wie hin- und hergerissen zwischen Angriff und Flucht.

Doch ihr eindringlicher Blick schien ihn einzuschüchtern und er ließ sich zurück auf alle Viere fallen. Innerhalb weniger Sekunden waren sie wieder Nase an Nase, angespannt, neugierig und vorsichtig zugleich, ehe die Häsin aus dem Stand eine Kehrtwende machte und wie der Blitz über das Feld preschte, dicht gefolgt von ihrer Seilschaft an Verehrern. Wenn Hase jedes Mal dieses Prozedere durchspielen musste, wunderte es mich nicht, dass sie manchmal lieber über die Mauer sprang und ihre Bewunderer hinter sich ließ.

Das Weibchen der kleinen Hasengeschwister zeigte wenig Interesse, fortzugehen. Sie hatte sich angewöhnt, manchmal allein ins Haus zu schleichen und dort stundenlang auf dem Sofa zu schlafen. Dabei ließ sie eines ihrer langen Hinterbeine und eine Pfote träge über die Kante nach unten hängen, während der

Kopf flach auf dem Polsterstoff lag. Ihre Schnurrhaare zuckten kaum merklich, während sie ruhig ein- und ausatmete, und blitzten manchmal in der Sonne auf wie ein Spinnennetz, das im sanften Wind glitzert. Nachts kam sie dann wieder und ruhte an demselben Ort, bis der Morgen hereinbrach. Auf den Bildern der Infrarotkamera wirkten ihre Augen wie zwei rot leuchtende Kugeln.

Was mich an Hase und dem forschenden Wesen ihrer Jungen immer am meisten überraschte, war und ist ihre unbändige Neugierde und der Drang, in der Nähe zu sein, wenn irgendwo etwas los ist. Solange ein Hase seinen Fluchtweg offenhalten kann und die Chance hat, davonzuspringen, um einer unerwarteten Gefahr zu entkommen, scheint er nicht widerstehen zu können, ein Geschehen zu beobachten und zu diesem Zweck immer wieder an den Schauplatz zurückzukehren. Im krassen Gegensatz zu den landläufigen Karikaturen von Hasen, die sie flatterhaft und unstet erscheinen lassen, zeigten sowohl Hase als auch jedes ihrer Jungen, das ich kennenlernen durfte, eine Vorliebe für feste Gewohnheiten und Vertrautheit.

Die Hasenmutter machte auf mich immer den Eindruck eines intelligenten, weisen Tieres, das zugleich verspielt und hingebungsvoll ist. Ein wärmeliebendes, genügsames, würdevolles Wesen, das seine Jungen inmitten einer feindlichen Welt auf den wenigen Schnipseln Land, die noch geblieben sind, großzieht. Ein Tier, das nicht von Natur aus ein Einzelgänger ist, sondern aus Vorsicht; ein Tier, das offen zeigt, wie sehr es sein Dasein genießt; ein Tier, das die Fähigkeit besitzt, zu lernen; ein Tier, das einem Landstrich treu bleibt – auch wenn es nur ein kleines Fleckchen Erde ist –, ein Leben lang; ein Tier, das ein Raubtier fortjagt, um seine Jungen zu beschützen. Der Hase ist ein Gewohnheitstier, das feste Zeiten und Lieblingsplätze hat, ein Tier, das auf dieser Welt keine Spuren hinterlässt und nach seinen eigenen Spielregeln auch Vertrauen aufbauen kann.

In all den Jahren, seit Hase in mein Leben getreten ist, habe ich stets dagegen angekämpft, sie zu vermenschlichen. Ich habe ihr keinen Namen gegeben, sie nie wie ein Haustier behandelt und nur selten berührt. Die Bedingungen unseres Zusammenlebens bestimmt sie. Sie kommt, wenn es ihr passt und muss niemals länger bleiben, als sie will. Ich bin mit den Grundsätzen des Darwinismus großgeworden, der besagt, dass Tiere sich nach den Anforderungen ihrer Umgebung entwickelt haben und ihre Eigenschaften – so menschlich sie uns zuweilen erscheinen mögen oder so gern wir ihnen Gefühle zuschreiben würden – in ihren Genen zwingend festgeschrieben sind. Trotzdem ist es fast unmöglich, ihre Charaktereigenschaften zu ignorieren, sie nicht zu bewundern und mit jenen menschlichen Wesenszügen zu vergleichen, nach denen viele von uns streben: Geduld, Würde, innere Ruhe und Stärke, um nur einige Beispiele zu nennen. Stünde es in meiner Macht, würde ich den

Ausdruck »verrückt wie ein Märzhase«, der in unserer Sprache so häufig gebraucht wird, mit »so sanft wie ein Hase«, »so treu wie ein Hase« oder »so beständig wie ein Hase« ersetzen.

Ich konnte das Geheimnis, das Hase umgibt, bis heute nicht entschlüsseln. Im Kern ist sie für mich immer noch nicht fassbar oder erklärbar, und vielleicht liegt genau darin der Grund, warum wir Menschen so viele unserer Ängste und Wünsche auf dieses Tier projiziert haben. Warum wir Hasen übernatürliche Kräfte nachgesagt haben, die von sehr bösen bis zu durchaus angenehmen Dingen reichen, was einmal mehr unsere Neigung unterstreicht, immer jene Dinge anzubeten oder zu verteufeln, die wir nicht verstehen. Der Hase ist vielmehr ein passendes Symbol für die Vergänglichkeit des Lebens und all seines Ruhmes, für unsere Abhängigkeit von der Natur und deren achtlose Zerstörung. Doch in Hase und in der nie versiegenden Kraft zur Erneuerung – der Natur selbst – liegt auch Hoffnung. Wenn es wirklich möglich ist, wie William Blake es formulierte, in einem Sandkorn die ganze Welt zu sehen, dann gelingt es uns vielleicht, die Natur in ihrer Gesamtheit in einem Hasen zu erkennen: in seiner Einfachheit und Komplexität, seiner Zerbrechlichkeit und Stärke, seiner Vergänglichkeit und Schönheit.

Diese eine Häsin traf mit mir eine Übereinkunft, doch nach ihren eigenen Regeln. Sie wird niemals zahm sein. Die Sprache, der sie lauscht, – die Geräusche, nach denen ihre Ohren suchen – sind die Klänge der Wildnis. Dennoch scheint sie sich bei mir wohlzufühlen, manchmal ruht sie in meiner Nähe. Mich hat es nie gestört, mein Leben nach ihr auszurichten, schließlich weiß ich, dass diese Gelegenheit irgendwann nicht mehr da sein wird. Zu jedem ihrer Verhaltensmuster, das ich beobachten darf, stelle ich mir das Gegenstück vor, das vor meinen Augen verborgen bleibt; ihr Leben draußen vor der Mauer – einschließlich der Jungen, die sie möglicherweise aufzieht, wenn sie wieder einmal längere Zeit verschwunden ist – wird mir für immer ein Rätsel sein. Dort draußen in den Feldern hat sie sich mir nicht ein einziges Mal genähert, und ich gehe davon aus, dass sie außerhalb der Mauer vor mir flüchten würde wie vor jedem anderen Menschen auch. Doch ich bin der Meinung, dass ich gar nicht mehr wissen muss. Ich bin glücklich und zufrieden mit dem kleinen Teil ihres Lebens, der sich mit meinem überschneidet. Wir leben in verschiedenen Welten. Sie kann in meine Welt hineinlaufen, ihre wird für mich jedoch immer außer Reichweite sein, und das ist gut so. Vielleicht könnte sie, wenn sie wie Cowpers Hase im Haus eingesperrt bliebe, ein hohes Alter erreichen. Doch das würde bedeuten, in ihre Natur einzugreifen. Stattdessen lebt sie das Leben eines Wildhasen: immer in Bedrängnis, vielleicht nur kurz, aber in Freiheit.

Ich hatte das große Glück, für eine Weile neben einer Sippe dieser so wunderbaren Tiere zu leben, und sie nicht nur aus nächster Nähe, sondern auch unter freien Lebensbedingungen beobachten zu können. Ich habe vermutlich viele Fehler gemacht, und stünde ich noch einmal vor derselben Entscheidung, würde ich vielleicht anders handeln, weil ich glaube, dass es im Interesse des Tieres wäre. Zudem fürchte ich, dass ich – paradoxerweise – nicht mehr den Mut dazu hätte. Beim ersten Mal handelte ich aus Unwissenheit, aber heute, da ich weiß, wie verwundbar und empfänglich Hasen für alle möglichen Leiden sind, wie dünn die Fäden sind, an denen ihr Leben hängt, würde meine Hand viel eher zurückschrecken als noch an jenem fernen Tag im Februar. Ich würde es mir noch einmal überlegen. Feldhasen gehören in die Freiheit, und hinter all der Hingabe, die ich diesem einen Hasen gewidmet habe, steckt auch der Wunsch, wiedergutzumachen, dass ich auf die ein oder andere Weise in den natürlichen Lauf seines Lebens eingegriffen habe.

Als der Schritt gemacht war, traf ich instinktiv die einzig richtige Entscheidung: Hase nicht im Käfig zu halten. Je mehr Freiheit sie hatte, desto größer wurde ihr Vertrauen. Dasselbe gilt womöglich auch für Tiere, die ganz selbstverständlich als Haustiere gehalten werden. Wäre es nicht gut, auch hier zu hinterfragen, ob jedes Tier wirklich das Maximum an Freiheit genießt, das es bekommen kann? Sollten wir nicht versuchen, den Stress, den wir ihm vielleicht unwissentlich verursachen, zu reduzieren? In Gedanken kehre ich oft zu der Überlegung zurück, ob Hasen domestiziert werden können oder nicht. Mittlerweile ist mir jedoch klar, dass diese Frage eigentlich nicht relevant ist. Wesentlich ist, dass jede Domestizierung bedeutet, die Natur eines Tieres zu verändern, damit es in unseren Lebensstil als Menschen passt. Für durch und durch wilde Tiere wie den Feldhasen ist eine Koexistenz der bessere Zugang.

Zum ersten Mal in meinem Leben hatte ich einen guten Grund, mich anstatt mit Menschen mit Tieren zu befassen. Und ich erkannte, dass uns nichts genommen wird, wenn wir Raum für sie schaffen. Eine Koexistenz mit ihnen verleiht unserem eigenen Dasein mehr Intensität, vielleicht sogar mehr Größe. Was ich mir aus heutiger Sicht wünsche, ist eine Umwelt, die Feldhasen und anderen Landtieren, egal wo sie leben, mehr Sicherheit bietet: nicht zum Nachteil der Menschen, sondern im Gleichgewicht mit unseren Prioritäten. Ich wünschte, es gäbe viel mehr wilde, unberührte Orte, sowohl für Wildtiere als auch für uns Menschen, und mehr Bewusstsein dafür, dass die Wiederherstellung und Wertschätzung der Natur Bedürfnisse befriedigt, von denen wir manchmal vergessen, dass wir sie haben. Unter dem zarten Einfluss des Hasen sind meine eigenen Wünsche schlichter geworden. Ich möchte eine Partnerin und Freundin sein, auf die man vertrauen kann, nicht nur eine verlässliche Mitarbeiterin. Ich möchte meine Umwelt in einem natürlicheren Zustand zurücklassen, als ich sie vorgefunden habe. Und ich möchte meine Wahrnehmung für das schärfen, was mich umgibt, die Schönheit und den Wert der kleinen Dinge sehen.

Einmal, als sich Hase längere Zeit nicht blicken ließ, spazierte ich im Licht des späten Nachmittags hinaus. Die Felder lagen unter gelblich-braunem, trockenem Gras, die Ränder waren dicht bewachsen mit verworrenem, kniehohem Klee. Ich bahnte mir vorsichtig einen Weg durch das Dickicht und vermied dabei die kaum sichtbaren Wegenetze und Tunnel, die von den Pfoten der Feldhasen und anderen Bodenbewohner ausgetreten worden waren, doch trotz aller Vorsicht, verstreute ich dennoch im Vorbeigehen die Samen von den hoch aufragenden Samenständen der Wilden Karde. In der Mitte des Feldes reichte mir das Gras an manchen Stellen bis zur Hüfte, und immer wieder schreckte ich Hasen auf, die davonpreschten und mit ihren geschmeidigen, fließenden Bewegungsabläufen über den Saum der Halme sprangen wie Delfine im Gras.

Die Blätter am Waldrand trugen mancherorts schon die ersten Spuren von Herbstgold. Die Fichten waren üppig behangen mit klebrigen, pendelförmigen Zapfen, die Stechpalmen prunkvoll geschmückt mit blutroten Früchten, die in dichten Rispen beieinanderstanden wie reife Weinbeeren. Im Schatten des Waldrandes fielen scharenweise Disteln dem langsamen Verfall in bizarre, ausgezehrte Formen anheim, die vertrockneten Samenstände hingen inmitten von verworrenen Kleebüscheln. Die Hecken hatten ein langes Bankett aus Brombeeren aufgetischt, ein wahres Fest für vorbeiziehende Vögel. Die kleinen Apfelfrüchte des Weißdorns leuchteten wie winzige Blutstropfen neben den blassen Ranken der Hundsrose, die unter dem Gewicht ihrer prallen Hagebutten nachgaben. Der Teich, dessen Ufer zu einem dichten Rahmen aus Pflanzen und Gräsern geworden war, die der Wind herbeigeweht hatte, sprühte vor Leben. An der Rückseite hatte sich eine Kolonie Teichbinsen angesiedelt. Trampelpfade durch das hohe Gras verrieten, wo der Durchgang der Wildtiere zum Wasser verlief, Schnepfen fanden Deckung in den Binsen, Schwalben und Mauersegler glitten über die Wasseroberfläche, um Insekten zu fangen oder im Flug zu trinken.

Überall war Überfluss und Fülle. Der Wechsel der Jahreszeiten hatte begonnen, doch der Sommer ließ die Ufer und Flure immer noch überquellen. Scharen von Wildgänsen zogen über den Himmel, bereits jetzt auf der Flucht vor der Kälte, die kommen wird, mit kraftvollen Flügelschlägen und drängenden, kreischenden, die Luft durchbohrenden Schreien: *Fliegt davon, solange ihr noch könnt!* Im Schatten des Waldes kämpften zwei Rehböcke. Eine Schleiereule, weiß wie Milch, schreckte über mir aus einer Kiefer hoch. Sie segelte über meinen Kopf hinweg, drehte sich langsam um und zeigte mir die weiße Unterseite ihrer Flügel und ihres Rumpfes. Und eine Sekunde lang war ich überzeugt, dass sie mich von oben ansah. Der Blick aus ihrem hellen, herzförmigen Gesicht rüttelte meine Sinne wach. Die Tatsache, dass dieses Tier hier lebte, war ein sicheres Zeichen dafür, dass die Blühstreifen rund um die Felder bereits Wirkung zeigten und immer mehr Kleinnager beherbergten.

Ich suchte die Zweige der Nachbarbäume ab, in der Hoffnung, noch einen Blick auf die Eule zu erhaschen. Stattdessen entdeckte ich ein Grauhörnchen, das sich wie versteinert an den Stamm einer Eiche drückte. Sein Körper lag im Schatten, doch ich sah das pelzige Gesicht, die kleinen, rundlichen Ohren und die orange-braunen, flinken Hände. Am Schwanz ist das aschgraue Fell in auffällig hellem Weiß gerahmt – ein Tarnungstrick, wie ihn auch der Feldhase anwendet, nur hier in Farbe und Textur an die Baumrinde angepasst. Zwischen den Zähnen hielt das Grauhörnchen eine hellgrüne Eichel für seine Wintervorräte.

Ich kürzte meinen Weg durch die Ecke des Waldes ab und trat wenige Augenblicke später wieder aus dem Schatten hinaus in die späte Nachmittagssonne, in der ein Schwarm Insekten leuchtete wie eine Schar tanzender Glühwürmchen. Plötzlich schreckte vor mir ein Bussard vom Boden auf, der dort mit einer leblosen Beute beschäftigt gewesen war. Er hob mit nur einem Schlag seiner immensen Schwingen ab und kreiste unweit der Stelle weiter durch die Luft, um abzuwarten, ob er zu seiner Beute zurückkehren könnte. Ich erschrak, als ich den Kadaver eines Feldhasen erkannte. Er lag auf dem Rücken und sein schlanker, weißer Bauch war von oben bis unten aufgerissen. Ob der Raubvogel ihn selbst getötet hatte oder sich nur an den Resten einer Fuchsmahlzeit satt fraß, wusste ich nicht, und ich blieb auch nicht länger, um es herauszufinden. Ich wandte meinen Blick von dem frisch aus der Wunde über das Fell perlenden Blut ab, während Ausdrücke wie *Arterienblutrot* und *Kopf des Stieglitzmännchens* unaufgefordert in meinem Gedächtnis aufblitzten. Ich glaubte nicht, dass es Hase war, obwohl sie diese Distanz problemlos hätte laufen können. Was mir wieder in Erinnerung rief, dass auch sie sterblich war, wie alle Lebewesen, mich selbst eingeschlossen.

Ich setzte meinen Weg fort. Der Wind verschluckte die Geräusche meiner Schritte, und so gelangte ich jenseits der Hecke, durch die ich an einer lichten Stelle geschlüpft war, unbemerkt (weil gegen den Wind) an ein frisch bestelltes Weizenfeld. Dort zählte ich zehn Feldhasen, die entweder allein oder in Zweiergruppen vor meinen Augen lagen und die letzten warmen Sonnenstrahlen des Tages genossen. Ich fragte mich unweigerlich, ob »mein« Hase darunter war. Aus der Entfernung konnte ich es nicht genau erkennen, doch eines hätte mich überglücklich gemacht: Wenn sie die eine Häsin der Gruppe wäre, die sich, wann immer es ihr gefällt und unergründlichen Impulsen folgend, von den anderen lösen kann, drei Felder und drei Hecken überwindet, vorbei an dem Teich mit den Binsen läuft und über eine Steinmauer in ein kleines Paradies springt, das ihr allein gehört.

Nicht mehr lange und Hase ist drei Jahre alt. Sie hat drei Winter und drei Ernteperioden überlebt, in mindestens drei Würfen mindestens sechs Junge geboren – wahrscheinlich waren es jedoch mehr – und eine schwere Verletzung überstanden. Für einen Feldhasen in freier Natur ist das ein stattliches Alter. Sie springt über die Gartenmauer hinaus in eine Welt voller Gefahren, teils von anderen Tieren, teils vom Menschen gemacht. Daher ist jede Minute, die Hase in meiner Nähe verbringen möchte, für mich wertvoll, aber vergänglich.

Fast jeden Morgen taucht sie zum Sonnenaufgang auf und läuft entweder, Ohren und Beine ausschüttelnd, auf das Haus zu, oder hält inne, um sich in die Sonne zu legen, die nach und nach den Garten erhellt. Ich weiß, eines nicht allzu fernen Tages wird auch sie unaufmerksam sein und von einem geflügelten Räuber erwischt werden, der vom Himmel herabtaucht, oder von einem Jäger mit spitzen Zähnen, der sich durch das Gras heranpirscht, oder von einem dieser furchteinflößenden Stahlmonster auf den Feldern. Und wer weiß, vielleicht begibt sie sich genau jetzt, in diesem Moment, in Alarmbereitschaft, stellt die Ohren auf und fühlt, wie ihr mutiges Herz schneller schlägt, während ein Fuchs auf der Suche nach ihren neugeborenen Jungen durch das hohe Gras schleicht und sie sich bereitmacht, alle Muskeln maximal gespannt, ihn mit einer wilden Verfolgungsjagd von ihrem Wurf fortzulocken.

Doch lieber stelle ich mir vor, wie sie leichtfüßig durch das Stoppelfeld streift und die Nase in den Wind hält, ehe sie losprescht und alle anderen Hasen abhängt, bis sie beschließt, einem eine Chance zu geben. Von Zeit zu Zeit stelle ich sie mir vor, wie sie sich in der Ferne umdreht und auf das warme Licht in den Fenstern des Zimmers zurückblickt, in dem ich mich jetzt zum Schreiben hingesetzt habe und darauf warte, dass sie wieder über die Mauer zurückkommt, ihre Ohren ausschüttelt und ins Haus schlüpft, wissend, dass sie dort willkommen und in Sicherheit ist.

Als Hase noch klein war, sah ich ihr oft stundenlang zu, wie sie am Fuße eines jungen Pflaumenbaumes saß, perfekt am Stamm ausgerichtet, sodass sie von vorne wie von hinten praktisch unsichtbar war. Während die Dämmerung hereinbrach, fixierte ich ohne Unterbrechung die Stelle, an der sie immer noch ohne eine Regung verharrte. Doch kaum blinzelte ich oder sah auch nur für den Bruchteil einer Sekunde weg, war sie auf einmal verschwunden. Und genau so wird meine Geschichte mit ihr eines Tages enden, davon bin ich überzeugt: so still und leise, wie sie begonnen hat.

Doch es gibt noch so viele andere Bilder. Wie sie den Kopf neigt und mich von der Seite prüfend ansieht. Wie sie im Tiefschlaf zur Seite kippt und sich mit einem Ruck aufrichtet, wenn sie erwacht. Wie sie sich mitten in einer Tätigkeit, egal was es ist, plötzlich unterbricht und beginnt, sich zu putzen.

Seit dem allerersten Tag, als ich sie fand, habe ich das Gefühl, als hätte sich ein Zauber über dieses Fleckchen Erde gelegt, und ich wäre mittendrin. Ich bin aus meinem alten Leben ausgestiegen, für das Privileg einer außergewöhnlichen Erfahrung. Doch ohne die besonderen Umstände der Pandemie wäre ich Hase niemals begegnet und mein Leben wäre weiter in den gewohnten Bahnen verlaufen.

Wie froh bin ich heute, dass ich damals, als es wieder möglich war, nicht sofort in die Stadt zurückgekehrt bin. Ich bin dankbar für jeden zusätzlichen Tag, den ich damit zubringen durfte, aus dem Fenster zu schauen. Wäre ich damals gegangen, hätte ich nicht erlebt, wie die kleinen Häschen zur Welt kamen. Ich hätte die starke Verbindung zu vielen mir wichtigen Menschen und zu diesem Land, die dank des Hasen entstanden ist, nicht aufbauen können und nie gelernt, diese überraschende, simple Freude mit all den Gefühlen, die sie in mir hervorruft, anzunehmen. Ich hätte nie gelernt, mein Leben aus einem anderen Blickwinkel zu betrachten und darüber nachzudenken, wie viel mehr ich sein könnte und wie viel weniger ich eigentlich brauche. Früher wollte ich immer nur spektakuläre, besondere Dinge erleben, um mich von der Masse abzuheben, doch mittlerweile gefällt mir der Gedanke, dass schon Millionen von Menschen vor mir diesen Prozess der Selbstfindung durchgemacht haben und rein gar nichts Originelles darin liegt, in der Natur Trost und Inspiration zu finden. Die Natur ist für uns alle da, möglicherweise als unser einzig wahres gemeinsames Erbe und die alleinige Hoffnung auf Erholung von unserem Leben unter Hochdruck. Während wir um einen Platz auf dieser Welt, um Karriere, Ruhm und Ehre kämpfen, mit Fehltritten und Irrwegen hadern und die Flüchtigkeit unserer Hoffnungen und all dessen, was uns lieb ist, betrauern, denke ich an den Hasen, der mit leichtem Schritt über die Erde wandelt und in Deckung geht, wenn ein Sturm aufzieht. Wir Menschen haben viel mit ihm gemein. Wenn wir nicht alles erreichen können, was uns am Herzen liegt, oder gegen Wind ankämpfen müssen, der stärker ist als unser Wille zum Erfolg, können auch wir eine Weile innehalten, ins glitzernde Gras hinausblicken und unsere Kraft wiederfinden.

Es gab eine Zeit, als ich rein gar nichts über Hasen wusste und ihnen kaum Beachtung schenkte. Dasselbe gilt, wie ich nun weiß, für viele andere Aspekte des Lebens, die sich mir erst im Zuge meiner neuen Erfahrung eröffnet haben. Es war, als eignete ich mir eine ganze Palette neuer Fähigkeiten an, und eine viel klarere Wahrnehmung meiner unmittelbaren Umgebung. Wenn ich auf Reisen bin, sehe ich nicht mehr nur die Orte und Menschen, die dort leben, sondern auch die Fährten und Spuren der Natur, die uns zu jeder Zeit umgeben, egal wo. Und ich habe wieder gelernt, dass wir Menschen Geschöpfe sind, die ebenso wie der Feldhase vom Wechsel der Jahreszeiten abhängen und ihren Widrigkeiten ausgesetzt sind, auch wenn es uns nicht bewusst ist.

Auch nach Tausenden Stunden, die Hase schlafend im Haus zubrachte, sind die einzigen Spuren, die sie hinterließ, eine zarte, kaum wahrnehmbare Vertiefung im Teppich am Eingang zu meinem Büro, wo ihr warmer, langgestreckter Körper mit winzigen, tagtäglichen Bewegungen die Oberfläche abwetzte und weichmachte, sechs Schnurrhaare, die sie im Laufe der Jahre verlor, und ein paar gewichtslose Fellbüschel. Die feuchten Pfotenabdrücke, die sie an regnerischen oder taunassen Morgen auf dem Fußboden hinterlässt, verdunsten innerhalb weniger Minuten. Im Gegensatz dazu ist der emotionale Fußabdruck, den sie bei mir hinterlassen hat, immens.

Hase brachte mir Geduld bei. Sie lehrte mich – eine Frau, die ihren Lebensunterhalt mit Worten verdient –, die Würde und Überzeugungskraft der Stille zu schätzen. Sie zeigte mir ein anderes Leben, mit all den Reichtümern darin. Sie sorgte dafür, dass ich Tiere in einem neuen Licht sehe, im Verhältnis zu ihr und zueinander. Sie zwang mich, mein Leben neu zu bewerten und der Frage nachzugehen, was ein gutes Leben ausmacht. Ich habe gelernt, schöne Momente zu genießen, solange sie andauern – egal wie klein und unbedeutend sie von außen auch erscheinen mögen. Ich habe gelernt, die Ruhe zu finden, einen Gefühlszustand auszuleben und zu versuchen, eine Schlichtheit im eigenen Ich zu finden. Das Gefühl des Staunens, das sie in mir entfacht hat, brennt seither weiter und zeigt mir, dass viele Aspekte meines Lebens, die ich für felsenfest und unverrückbar gehalten hatte, in Wahrheit weich sind wie Wachs und sich immer wieder neu formen lassen. Hase hat sich in all der Zeit nicht verändert, ich mich hingegen schon. Ich habe sie nicht gezähmt, aber in vielerlei Hinsicht hat sie mich beruhigt.

Die friedliche Atmosphäre, die sie im Haus verbreitet hat, wird auch dann noch bleiben, wenn sie längst fort ist. Ich hoffe, diese besondere Stimmung auch in Zukunft heraufbeschwören zu können, wann immer mir danach sein wird: gemeinsam mit der Erinnerung an die winzig kleine, vertrauensvolle Berührung ihrer Pfote in meiner Hand und ihren festen, unergründlichen Blick. Und wenn ich sie eines Tages nicht mehr vor mir sehen kann, werde ich die Hasen draußen auf dem Feld beobachten und wissen, dass deren Dasein mit ihrem verknüpft ist, oder den Blick nach oben richten und Hases Zeichen in den Sternen finden.

Ich habe mir vorgenommen, nicht die vor mir liegenden Jahre zu zählen, in denen sie irgendwann nicht wiederkehren wird, sondern all die Tage in Ehren zu halten, die sie mir nach ihrem eigenen, freien Willen geschenkt hat. Für mich ließ sie ihren instinktiven Schutzschild gegenüber Menschen sinken; sie ließ mich an der Schönheit und Rätselhaftigkeit ihres

Wesens teilhaben und war mir eine stille und würdevolle Gefährtin. Eines Tages werde ich mich an ihr Fortgehen erinnern, und ich werde wissen, dass sie vor jedem Abschied immer noch einmal zurückgeblickt hat.

Nachwort zur Taschenbuchausgabe

Nie betrog die Natur das Herz, das sie verehrte.

William Wordsworth, *Lines composed a Few Miles above Tintern Abbey*, 1798

Meine Liebe zu diesem Fleckchen Erde, die stärker ist, als zu allen Orten, die ich je kennenlernen durfte, und zu den Feldhasen, die hier wohnen, wurde durch die Arbeit an diesem Buch endgültig besiegelt. Mein Geist ist hier zu Hause. Ich bin eins mit mir und meiner Umgebung, wenn ich die Feldränder entlanglaufe, das verworrene Gras mich an den Knöcheln kitzelt, die unebene Erde unter meinen Füßen nachgibt und derselbe Wind mein Gesicht erfrischt, der den im Gras versteckten Hasen durch das Rückenfell streicht.

Just als mir die Intensität dieser Verbindung in ihrem vollen Ausmaß bewusstwurde, musste ich fort und mit der Bahn kreuz und quer durch das Land reisen, um vor weit verstreutem Publikum, oft in ländlicher Umgebung, über meine Geschichte zu sprechen. Es fiel mir schwer, die Hasen allein zu lassen, selbst wenn es immer nur für kurze Zeit war. Das Leben eines Feldhasen wird von einer genauen Abfolge mikroskopisch kleiner Konstanten und Abweichungen bestimmt, die auf den ersten Blick unbedeutend erscheinen, jedoch in ihrer Gesamtheit eine beharrliche und imponierende Überlebensstrategie ergeben. Mir war der Tagesablauf der Hasen mittlerweile in Fleisch und Blut übergegangen: Ich wusste genau, um welche Uhrzeit sie untertauchten, kannte die vorsichtigen Bewegungen, die verrieten, wo im Gras sie lagen, die Wetterbedingungen, die sie näher an mein Haus herankommen ließen, und die Zeiten im Jahr, in denen sie Gesellschaft suchten oder die größten Gefahren auf sie lauerten.

Nun, da ich ihren steten Zyklus des Wachens und Ruhens nicht mehr mit eigenen Augen mitverfolgen konnte, machte sich in mir ein Gefühl der Entwurzelung breit. So streifte ein Teil meiner Gedanken weiterhin mit den Hasen durch die Felder, während ich im Zug in meinem Sitz kauerte und zusah, wie draußen eine unbekannte Landschaft an mir vorbeizog. Wenn der Wetterbericht vor Schnee, Stürmen oder Frost warnte und ich weit weg von Zuhause war, lief es auch mir kalt über den Rücken.

Ich vermisste es, die Hasen morgens beim Kaffeemachen zu beobachten, in den vertrauten Rhythmen ihres Tagesablaufes Ruhe zu finden und mit geschärftem Blick auf jede noch so kleine Veränderung in ihrem Verhaltensmuster zu achten. Das Wunder der Natur liegt darin, dass jeder Tag scheinbar gleich verläuft – die Sonne geht auf und wieder unter, Tiere streifen umher und legen sich zur Ruhe, der Einfall des Lichts verändert sich im Reigen der Jahreszeit –, doch indem die Natur ihre Bausteine stets auf neue, unvorhergesehene Weise kombiniert, versetzt sie uns immer wieder in Staunen. Ich versuchte, das Gefühl von Ruhe und Stetigkeit, das die vielen Monate im Bann der Hasen mir beschert hatten, zu bewahren und den inneren Frieden, den ich durch das Eintauchen in ihre Welt gefunden hatte, mitzunehmen, anstatt mich von Alltagsärgernissen wie gestrichenen Zugverbindungen oder hektischen Menschenmengen einholen zu lassen.

Doch meine Reisen kreuz und quer durchs Land gaben mir auch Trost. Sie steigerten meine Wertschätzung für das Leben auf den Britischen Inseln, diesem kleinen, zwischen vier Meeren liegenden Archipel. Und sie brachten mich näher zu den Menschen. Ich entdeckte neue Täler und Felsformationen, Wälder und Flussmündungen, Hügel und Moore. In Gemeindesälen und in den Hinterzimmern kleiner Buchhandlungen traf ich Männer und Frauen, die mir von Begegnungen mit Feldhasen auf ihren täglichen Spaziergängen oder im eigenen Garten erzählten; sie sprachen von ihren Kindheitserinnerungen an Hasen und von ihrer Hoffnung, die Hasen würden eines Tages wieder in ihre Gegend zurückkehren. Ich unterhielt mich mit Menschen, die Iltisse, Tauben, Eichhörnchen oder Füchse großgezogen hatten und die meine Begeisterung für die unberührte Natur teilten. Sie zeigten mir Gemälde und Gedichte über Hasen, die mir vorher noch nicht untergekommen waren, und wiesen mich auf weitere Möglichkeiten hin, wie ich noch mehr über Feldhasen erfahren konnte: über das Gestern und Heute, das Reale und Mystische, in Museen, Bildersammlungen, Tempeln und Ausgrabungsstätten. Da ich ganz am Anfang, als ich herausfinden musste, wie man Hasen füttert, die Gedichte von William Cowper gelesen hatte, ermunterte man mich nun, seine Heimat besuchen. Und wenn ich schon in den schottischen Highlands sei, so wurde mir gesagt, könne ich mit etwas Glück sogar die fellwechselnden Schneehasen in ihrem weißen Winterfell im Schnee kauern sehen. Manchmal kam es mir so vor, als könnte ich ein ganzes Leben damit zubringen, auf den realen und metaphorischen Spuren der Hasen zu wandeln, und hätte doch niemals ausgelernt.

Meine Wege führten mich weiter ins Ausland, denn auch aus Griechenland, Finnland, Frankreich und Amerika erreichten mich Berichte von Menschen, die Feldhasen beobachtet hatten. Es reizte mich, weiter in die Ferne zu reisen und die Familie der Hasen noch besser verstehen zu lernen, indem ich die verschiedenen Arten in ihrem natürlichen Umfeld erlebte, die Gebiete besuchte, aus denen der Feldhase vor ewigen Zeiten gekommen war, und seine genetische Verwandtschaft in anderen Teilen der Welt sah. Doch der Drang, nach Hause zu fahren, war stärker als alles andere. Mein größter Wunsch war, Hase und ihre Nachkommen dabei zu beobachten, wie sie bei mir ein und aus gingen, das Schicksal dieser *einen* Hasenfamilie mitzuverfolgen, zumindest soweit es mir meine eingeschränkten menschlichen Sinne erlaubten und solange mir dieses Privileg vergönnt war.

In regelmäßigen Abständen wurde ich daran erinnert, wie hilflos ich vor dem Angesicht der Natur war. Ein mächtiger Rotmilan, größer noch als ein Bussard, begann mit seinem typisch rostroten Gefieder, gegabelten Schwanz und kreischenden Ruf in der Gegend seine Kreise durch die Luft zu ziehen. Ich freute mich darüber, denn Rotmilane waren in Großbritannien aufgrund exzessiver Bejagung schon beinahe ausgestorben. Der Bestand begann eben erst, sich zu erholen. Dass der Milan sich hier angesiedelt hatte, war ein Zeichen dafür, dass das lokale Ökosystem immer gesünder wurde. Doch sehr bald entdeckte ich auch die ersten Beweise für seine Versiertheit als Jäger: das kahlgepickte Skelett eines ausgewachsenen Hasen, von dessen Muskeln, Sehnen und früherer Geschmeidigkeit nichts mehr übrig war. Sein langes Rückgrat und die filigranen Knochen lagen sauber aufgehäuft im hohen Gras: ein einsamer, flammenloser Scheiterhaufen, der bald vom Wind zerstreut, von vorbeikommenden Füchsen, die auf das Knochenmark aus waren, zu Splittern zerkaut oder vom wuchernden Gras zurück in die sumpfige Erde geholt werden würde. Intakt geblieben waren nur die herrlichen Hasenohren mit den schwarzen Spitzen und eine lange, kräftige, mit weichem Pelz besetzte Hinterpfote, die senkrecht in die Höhe stand. Ich fragte mich, ob sich der Hase wohl in einem letzten Versuch, den Vogel abzuwehren, auf die Hinterbeine gestellt hatte, oder ob er verzweifelt versucht hatte, ihn abzuhängen. Es war ein schmerzvoller Anblick, auch wenn er ganz dem Gesetz der Natur entsprach: Die geballte Energie des Hasen war in Flugbewegung verwandelt worden und diente nun den Schwingen eines Greifvogels als Antrieb.

In der Morgen- und Abenddämmerung sah ich auf dem Dach meines Hauses nun oft eine stämmige Schleiereule hocken. Ihr Gesicht war strahlend weiß, der Kopf mit honigfarbenen Federn bedeckt, die den Rücken hinabflossen bis zu den angelegten Flügeln. An anderen Tagen nahm ein Turmfalke mit seiner gebückten Silhouette ihren Platz ein und kauerte dort wie ein Wachtposten auf einem Festungswall, dem der Wind das Brustgefieder zerzauste.

Eines frühen Morgens gegen Ende Februar, als ich durch das Fenster betrachtete, wie die niedrigstehende Sonne draußen auf den Teppich aus frostüberzogenen Getreidestoppeln fiel, bemerkte ich eine junge Häsin, die in der Nähe meines Gartentürchens ein winziges Junges säugte. Die Szene spielte sich so nahe am Haus ab, dass ich annahm, die Mutter müsse eines von Hases Kindern sein, die es nur nicht rechtzeitig in den geschützten Bereich hinter der Gartenmauer geschafft hatte, um dort seine Jungen zu bekommen. Ich fragte mich, ob die Häsin nur ein einziges Junges ausgetragen hatte oder ob es weitere Junge gegeben hatte, die es nicht geschafft hatten.

Als die Sonne langsam höher stieg, stellte sich die Häsin auf die Hinterläufe und prüfte die Umgebung auf Gefahren für ihr Junges, das sich zum Trinken aus seinem Versteck im hohen Gras hervorgewagt hatte. Das Wetter war unwirtlich: Die große Kälte bewirkte, dass sich die Strahlen der bleichen Sonne durch die vereisten Schnurrhaare der Mutterhäsin und den frostigen Nebel ihres Atems brachen. Das Hasenjunge würde für den Rest des Tages reglos zusammengekauert im Gras unter einer Decke aus Frost verbringen, leicht erkennbar für Eule oder Turmfalke.

In dieser Nacht gab es einen Temperatursturz. Am Morgen war ein langer, spitz zulaufender Eiszapfen aus der Vogeltränke gewachsen, der an den abstehenden Zeiger einer Sonnenuhr erinnerte. Tagelang deutete er warnend in die Ferne, ein Eis gewordenes Sinnbild meines eigenen Unbehagens. Ich fragte mich, ob das kleine Hasenjunge mit der gnadenlosen Kälte zurechtkäme, und dachte sogar kurz daran, einzugreifen und es ins Haus zu bringen. Schließlich hatte ich alles da, was ich brauchte, um ein Hasenjunges mit der Flasche aufzuziehen, und die Erfahrung, an der ich mich orientieren konnte. Ich stellte mir vor, wie ich hinausging und es sanft hochhob. Es wäre nur ein kurzer Augenblick. Doch ich widerstand der Versuchung. Die Mutter des Jungen war selbst am allerbesten in der

Lage, sich darum zu kümmern, ermahnte ich mich, und es wäre grausam und falsch gewesen, die beiden zu trennen.

Die darauffolgende Woche war regnerisch, unterbrochen von Phasen bitterer Kälte. Der Wind blies riesige, feuchte Nebelschwaden über das Land, die sich als Eis auf die Erde legten. Jeden Morgen stand ich zeitig auf, um Ausschau nach dem Hasenjungen zu halten, und war jedes Mal erleichtert, wenn ich es im schwachen Licht der Dämmerung durch das Gras streifen sah, jeden Tag ein Stückchen weiter vordringend, bis es irgendwann unter meinem Fenster herumhüpfte, stoppte und weitersauste, in dem mir mittlerweile vertrauten Rhythmus dieser neugierigen, aber vorsichtigen Tiere.

Einige Tage später, als ich meinen gewohnten morgendlichen Beobachtungsposten im Haus einnahm, bemerkte ich ein Hermelin, das sich wie ein Geist durch den Feldrand wandt und dem Versteck des Hasenjungen immer näherkam. Vielleicht war die Hasenmutter nicht weit, aber so gut getarnt, dass ich sie nicht sehen konnte. Ich rannte aus dem Haus, hinaus in den Regen, und warf das Gartentor auf, wobei ich hoffte, damit nicht allzu viele Hasen aufzuschrecken. Das Hermelin ergriff blitzartig die Flucht, wie ein heller, todbringender Strich in der Landschaft. Als ich seine Spur zurückverfolgte, führte sie mich zu dem Grasbüschel, in dem das Versteck des Hasenjungen lag. Ich zögerte einen Augenblick. Die kalte Luft ließ meinen Atem zu Wolken erstarren. Der Regen lief mir in die Augen.

Ich kniete neben dem konisch geformten Nest nieder. Aus Angst, das Hermelin könnte das Hasenjunge vor mir gefunden haben, schob ich vorsichtig das äußere Gras beiseite und hoffte, dahinter eine bebende braune Flanke oder ein lebhaftes kohlschwarzes Auge zu entdecken.

Das Hasenjunge lag unter meinen Händen auf der Seite, leblos. Das dichte Grasdach hatte den Regen ferngehalten, doch, wie es schien, nicht die Kälte. Das Hasenjunge war für Raubvögel unsichtbar geblieben und den kräftigen Zähnen des Hermelins entkommen, doch die Kälte hatte sich eingeschlichen und sein Herz genauso zielsicher zum Stillstand gebracht wie ein Raubtier. Ich würde das Hasenjunge, das dem launenhaften Wetter zum Opfer gefallen war, nie wieder durch das Gras huschen sehen, beobachten, wie es im Sonnenschein spielt oder seine langen Läufe und bernsteinfarbenen Augen bewundern können. Die Trauer nagte schmerzhafter an mir als jede Kälte.

Der Regen, den ich eingelassen hatte, als ich das Nest aufschob, drang in die kleine Sasse des Hasen und löschte die satten Brauntöne seines Fells aus. Auf einen Schlag trug er dumpfes Trauergrau. Ich bereute, seine Ruhe gestört zu haben, verschloss das Nest so gut es ging wieder mit Gras und ließ das Hasenjunge dort. In den darauffolgenden Tagen hielt sich die Hasenmutter stets in der Nähe auf und bewies schmerzlich ihre ganze mütterliche Treue. Ich dachte an all die anderen Hasenjungen, die da draußen im Feld versteckt lagen, sich an das Leben klammerten oder langsam dahinschwanden, und fragte mich, ob wohl irgendeines davon die tödliche Kombination von Regen und Minustemperaturen würde überleben können. Doch so ist das Schicksal der Feldhasen, dachte ich. Jedes Jahr fallen so viele den Elementen zum Opfer, doch die, die überleben, sind für das Leben gerüstet.

Mir wurde schlagartig klar, wie leicht die hier lebende Hasenpopulation von harten Wetterbedingungen, Krankheiten und den Eingriffen des Menschen vernichtet werden konnte. Sorge befiel mich und ließ mich kaum noch los. Je näher ich hinsah, desto beunruhigter wurde ich. Wer wild lebende Tiere liebt und ihr Leben mitverfolgt, wird nicht nur Glück, sondern auch Trauer erleben. Noch niedergeschlagen vom Tod des Hasenjungen begann ich, jeden Tag die Hasen zu zählen, die ich draußen auf dem Feld sah, überzeugt, dass es weniger waren als in den vergangenen Jahren, obwohl ich es nicht mit Sicherheit sagen konnte. Mir schien, als brauchte es so wenig, um diese kleine Gemeinschaft auszulöschen, oder jede andere Hasenpopulation in gefährdeten Gebieten im ganzen Land.

Wieder dachte ich daran, dass es für Feldhasen keine Schonzeit gab, die ihnen die Chance gab, während der wärmeren Monate in Sicherheit ihre Jungen auf die Welt zu bringen. In diesem Winter hatte ich viel aufmerksamer als zuvor den Salven der Gewehrschüsse gelauscht, die der Wind während der Jagdsaison zu mir herübertrug. Dann blickte ich zu den Fasanen im Garten hinüber und vergab ihnen ihre schlechte Angewohnheit, in meinem Blumenbeet Erdbäder zu nehmen und die Pflanzenwurzeln auszuscharren, denn auch sie würden wohl früher oder später mit diesem menschlichen Zeitvertreib in Berührung kommen.

Jene Fasane, die es schaffen, bis in den Frühling hinein zu überleben, sind vom Gesetz bis Herbst geschützt. Nicht so die Hasen. Gemeinnützige Tierschutzorganisationen haben herausgefunden, dass siebzehn britische Gutshöfe mit großen Ländereien regelmäßig Hasenjagden veranstalten, die zusammengenommen jedes Jahr bis zu 60 Prozent der Hasenpopulation im Land töten. In nur einer Jagd werden im Durchschnitt zwei- bis dreihundert Hasen geschossen. Für mich ist es schlicht unverständlich, warum Feldhasen während des Zeitraums, in dem sie ihre Jungen aufziehen, nicht vor Jägern geschützt werden, schließlich müssen Junghasen ohne ihre Mütter verhungern. Ganz anders ist dies beispielsweise in Österreich und Deutschland, wo gesetzliche Schonzeiten von etwa Mitte Januar bis Ende September gelten. Naturschutzorganisationen fordern sogar ein komplettes Jagdverbot, da der Bestand als bedroht gilt. In der Schweiz werden Schonzeiten kantonal geregelt, gejagt wird meist Ende des Jahres, teilweise ist die Jagd auf Feldhasen sogar ganz verboten.

Das Recht, in England und Wales das ganze Jahr über Feldhasen zu schießen, ist im Ground Game Act verankert, einem Gesetz aus dem Jahre 1880, das trotz des drastischen Rückgangs der Hasenpopulation seit jener Zeit und dem wesentlich höheren Stellenwert, den wir als Gesellschaft dem Tierschutz heutzutage beimessen, immer noch in Kraft ist.

Menschen, die das Töten von Hasen befürworten, beschreiben die Tiere oft als »Pest« und ziehen damit eine Parallele zur berüchtigten, durch Ratten übertragenen Beulenpest, dem »Schwarzen Tod«, der im 11. und 12. Jahrhundert Millionen Menschen das Leben kostete.

Seither steht das Wort »Pest« im weiteren Sinne für etwas, das als Plage oder Ärgernis wahrgenommen wird, eine Quelle der Zerstörung und des Verderbens: Eine Pest ist Abschaum, der eliminiert werden muss, eine Aufgabe, die der Mensch im Sinne der Seuchenkontrolle eilfertig in die Hand nimmt. Und dann denke ich an Hase, wie sie friedlich in meinem Haus schläft oder im Garten ruht, und dabei nicht einen einzigen Grashalm knickt. Doch wenn wir einem Lebewesen einen hässlichen Namen geben, fällt es uns viel leichter, ihm Leid anzutun.

Von den Menschen, die ich im ganzen Land traf und die nicht selten selbst Hobbyjäger oder Angler waren, erfuhr ich, dass manche Bauern sogar gegen ihren Willen sämtliche Hasen von ihrem Land entfernen, nicht weil sie die Tiere nicht leiden können, sondern weil sie ein unliebsames menschliches Raubtier auf den Plan rufen: Hetzjäger. Die oft in kriminellen Banden organisierten Jäger durchbrechen regelmäßig Tore und Hecken, schüchtern Landbesitzer gewaltsam ein und fahren mit ihren Wagen über privates Land, um ihre Hunde auf Hasen zu hetzen.

Weder die wirtschaftlichen Interessen jener, die zahlenden Kunden Hasen zum Abschuss anbieten, noch fehlende Ressourcen, um Hasenhetze oder andere Verbrechen auf dem Land zu bekämpfen, sind meiner Meinung nach eine ausrechende Rechtfertigung, warum man Hasen eine Schonzeit vorenthält: Es wäre lediglich eine kleine, praktische Maßnahme, die wir problemlos umsetzen könnten, um diesen wunderbaren, scheuen Geschöpfen eine Verschnaufpause zu verschaffen und dazu beizutragen, dass sich ihr Bestand nach und nach erholen kann.

Nur wenige Menschen bekommen wie ich die Gelegenheit, im unmittelbaren Umfeld von Feldhasen zu leben, und vielleicht ist genau das ein Teil des Problems. Wir neigen dazu, jene Tiere, die uns am nächsten sind, am meisten wertzuschätzen. Jene, die uns fern sind, werden leicht übersehen oder schlecht behandelt.

Ich habe mit Hase ein Lebewesen kennen und lieben gelernt, das in der Rangliste der Tiere, die wir instinktiv respektieren, am unteren Ende angesiedelt ist: weit hinter dem Hund, aber auch hinter Rehen oder Fasanen. In den Augen mancher sind Hasen nicht mehr als eine Plage. Oft, wenn ich die Felder entlangspazierte, nach und nach mein Verständnis und Bewusstsein für das Ökosystem ringsum erweiternd – von den Greifvögeln im Himmel über mir bis zu den Maulwürfen unter meinen Füßen –, und ich mich fragte, was da wohl noch alles existiert, das sich meinem Blick entzieht, keimte die Hoffnung in mir auf, dass wir eines Tages in der Lage sein werden, unsere Sichtweise zu verändern. Der Feldhase ist über Jahrhunderte hinweg geblieben, wie er war, während wir die Landschaft, in der er lebt, fast bis zur Unkenntlichkeit verändert haben. Und doch ist er immer noch da. So wird der Hase zum Symbol für den Fortbestand der Wildnis, zum Sinnbild für die unendliche Schönheit und das Geheimnis dessen, was direkt vor unseren Augen liegt und noch darauf wartet, entdeckt zu werden. Wenn wir diese Wildnis bewahren wollen, dann wäre es bestimmt kein Fehler, mit einem Tier zu beginnen, das so wenig einfordert wie der Feldhase.

Immer wenn meine Gedanken auf diese Weise abschweiften, waren es die Hasen selbst, die mich wieder in die Gegenwart zurückholten, indem sie trotz aller Widrigkeiten mit ihrem Leben weitermachten. Zum Beispiel beobachtete ich einen männlichen Hasen, der ein im Gras liegendes Weibchen ins Auge gefasst hatte und sich an sie heranschlich, bis sie einander Nase an Nase gegenüber lagen. Er fixierte sie mit festem Blick und rückte ihrer Hinterseite immer wieder zentimeterweise näher, bis sie herumfuhr und ihm mit der Pfote einen Hieb auf die Schnauze gab. Eine andere Häsin wurde von zwei Männchen flankiert, die jeweils im rechten Winkel zu ihr lagen und mit der Nase beinahe ihre Körperseite berührten, als warteten beide darauf, dass sie ihre Wahl träfe. Als sich ihr einer der beiden mit einer abrupten Bewegung näherte, vielleicht, um als erster die Initiative zu ergreifen, sprang sie auf und führte die beiden in einer wilden Jagd quer über die Felder, mitten durch frisches Frühlingsgras und leuchtende Butterblumen. Zuerst lief sie in einem gemächlichen Galopp, doch bald ging sie auf Höchstgeschwindigkeit über, als wollte sie sehen, wie lange die männlichen Hasen mit ihr mithalten konnten. Sie rannte, als hätte es den Winter mit seinen schmerzvollen Verlusten nie gegeben. Wenn die Hasen die Bürde des Winters hinter sich lassen konnten und sich mit solch offensichtlicher Zufriedenheit ihrem Sprint hingeben konnten, so dachte ich, dann sollte auch ich mich mit meinen Ängsten und Sorgen nicht länger drinnen aufhalten.

Wenn ich nach meinen Kurztrips zu den Hasen zurückkehrte, war es jedes Mal ein Nachhausekommen. Mittlerweile hielt ich das Gartentor immer geöffnet, indem ich es zwischen einem flachen, umgedrehten Tontopf und einem schweren Feldstein einklemmte, sodass ein schmaler Spalt entstand. Damit wollte ich ursprünglich nur der Hasenfamilie den Zugang erleichtern, jetzt wurde der Durchgang aber auch von einer wachsenden Schar von – meist – wilden Geschöpfen genutzt: von Fasanen und Rebhühnern, die es vorzuziehen schienen, durch den Spalt zu hüpfen, als sich zum Fliegen aufzuraffen; von Elstern, die in ihrem eleganten Federkleid und dem typischen, schaukelnden Schritt jeden Morgen durch die Öffnung watschelten; von einer Truppe Jungkaninchen, die aus ihrem nahegelegenen Bau ausgebüxt und kurz darauf von der Mutter eingefangen worden waren; von einer schwarzen Wildkatze – ein nicht gern gesehener Gast und gnadenloser nächtlicher Räuber, der eine Gefahr für nichtsahnende Jungvögel oder Säugetiere darstellte; und natürlich von den hoppelnden, blitzschnell flitzenden oder wachsam zögernden Hasen, die zu ihren angestammten Tageszeiten kamen oder gingen, und auf dem Kies hintereinander herjagten.

Eines Nachts schlug ein kräftiger Windstoß das Gartentor gegen den Tontopf und zerbrach ihn. Am Morgen sammelte ich die Scherben auf und stapelte sie an der Mauer in eine Ecke. Während der Wind mich hin und her schüttelte, grub ich in einer Furche unweit des Hauses einen schweren Feldstein aus und ersetzte damit den Topf.

Der Stein war etwa gleich hoch und besaß eine glatte, flache Oberseite, daher dachte ich, er würde seinen Zweck gut erfüllen. Doch ganze zwei Wochen lang kam kein einziger Hase in den Garten. Just als ich begann, mir Sorgen zu machen, dass ihnen etwas passiert sein könnte, erinnerte ich mich an die Lektion, die mich die Hasenmutter im Haus gelehrt hatte, als sie noch jung war, und verstand, dass vielleicht der unbekannte Stein das Problem war. Ich holte also die Tonscherben ins Haus, sortierte sie sorgfältig, was keine leichte Aufgabe war, und klebte sie wieder zusammen. Kaum stand der wackelige Topf wieder in seiner Position als Türstopper, kamen die sensiblen Hasen zurück. Vielleicht hatten sie verinnerlicht, dass vom Menschen herbeigeführte Veränderungen Gefahr bedeuten können und daher mit Vorsicht zu behandeln sind.

Auch die anderen Wildtiere hatten wiederkehrende Rhythmen, und sobald sie entdeckt hatten, dass ich das Haus für die Hasen offenließ, begannen sich diese zunehmend mit meiner eigenen Routine zu überschneiden. Als ich eines Tages an meinem Schreibtisch saß und arbeitete, hörte ich das Glucken eines Goldfasanmännchens, das hereinspaziert war und sich nun mit einem von Hases Kindern friedlich eine Schüssel Haferflocken teilte.

Auch eine Elster hatte die Hasentür zufällig entdeckt und stelzte auf dem Teppich vor dem Kamin herum, bevor sie sich den Kropf berstend vollstopfte und die Haferflocken wild durch den Raum schleuderte. Noch über Wochen kam die Elster jeden Tag zur selben Stunde an die Tür, die ich jedoch immer kurz vor ihrer Ankunft eilig verschloss, woraufhin sie mit ihrem flinken Schnabel gegen das Glas klopfte, als wollte sie das Schloss aufpicken.

Im Frühsommer bot sich mir ein erstaunlicher Anblick: ein silberfarbener Hase, der reglos vor meinem Haus stand. Sein Fell hatte eine helle, unwirklich graue Färbung, die an einigen Stellen ins Weiße reichte. Von den Ohrenspitzen bis zu den Krallen auf seinen Pfoten wies er auf dem ganzen Körper nicht die kleinste Spur von braunem oder rötlichem Fell auf. Wie versteinert betrachtete ich die ungewöhnliche Farbe, die möglicherweise das Ergebnis einer Pigmentanomalie war. Ich starrte das Tier an, als hätte es mir eine Botschaft zu überbringen, doch dann machte es kehrt und schlüpfte zurück ins hohe Gras, sein Geheimnis für sich behaltend.

Eines Abends beobachtete ich im Dämmerlicht, wie die weiße Schleiereule auf dem hölzernen Treppengeländer an der Hintertür ihr Gefieder putzte, während auf dem Kies davor zwei Hasen vergnügt im Kreis liefen. Es wäre für den Greifvogel ein Leichtes gewesen, sie zu fassen. Ich staunte über die Furchtlosigkeit der Hasen. Vielleicht hatten sie die Eule nicht bemerkt, oder fühlten sich sicher, weil sie in der Überzahl waren. Möglicherweise beriefen sie sich auch auf Sinne, die schärfer waren als meine, und wussten daher, dass die Eule schon getötet hatte und im Moment nicht jagte. Was auch immer davon stimmte, die Szene erinnerte mich – wie auch der mysteriöse silberhaarige Hase – an die Existenz von Harmonien und Geheimcodes unter Tieren, die sich unserer Wahrnehmung entziehen und eingesponnen sind in die komplexen, faszinierenden und unsichtbaren Mechanismen der Natur. Und obwohl wir Menschen diese Mechanismen nicht vollständig begreifen können, mischen wir uns dennoch, zu unserem eigenen Risiko, darin ein.

Wenn ich all diese Überlegungen in die Waagschale werfe – das Schöne und das Mysteriöse, die Trauer und die Sorge, den Frust über die Kurzsichtigkeit des Menschen und die Bange um das sensible Gleichgewicht unserer Umwelt – schlägt der Zeiger immer noch klar in Richtung Hoffnung aus. Es liegt eine zarte Freude und ein unbändiges Gefühl von Optimismus in dem Wissen, dass nach uns nicht alles zu Ende ist, egal wie kurz oder lang die Spanne jeder einzelnen menschlichen Existenz auch sein mag. Unsere größte Stärke als Menschen liegt in der Fähigkeit, dazuzulernen, jene der Wildtiere in ihrer immensen Widerstandsfähigkeit. Die Verbindung von beidem – so wage ich zu hoffen – birgt unsere Chance auf Erneuerung: die Vision einer Zukunft, in der Land und Leben so wild und frei sind wie der Feldhase – für ihn und für uns alle.

Auswahlbibliographie

Aelian. *On the Characteristics of Animals*. Translated by A.F. Scholfield. London: Heinemann, 1958.

Aesop. *The Fables of Aesop: As First Printed by William Caxton in 1484, with Those of Avian, Alfonso and Poggio.* Joseph Jacobs (ed). Übers. von William Caxton. 2 vols. London: D. Nutt, 1889.

Ailianos. *Tierleben.* Griechisch–deutsch. Hrsg. und übers. von Kai Brodersen. Berlin/Boston: De Gruyter, 2018.

Alves, Paulo Célio, Nuno Ferrand and Klaus Hackländer (eds). *Lagomorph Biology: Evolution, Ecology, and Conservation*. Heidelberg: Springer Berlin, 2007.

Aristoteles Thierkunde. Hrsg. und übers. v. Hermann Aubert, Friedrich Wimmer. Leipzig: Engelmann, 1868.

Baty, Patrick. *The Anatomy of Colour: The Story of Heritage Paints and Pigments.* London: Thames and Hudson, 2017.

Bock, Anni. ›Lepus europaeus (Lagomorpha: Leporidae)‹. *Mammalian Species*, Vol. 52 No. 997 (January 2021), pp. 125–42.

Cajus Plinius Secundus. *Naturgeschichte.* Übers. u. erl. von Ph. H. Külb, Bd. 8. Stuttgart: Metzler 1850.

Carnell, Simon. *Hare*. London: Reaktion Books, 2010.

Cherkassov, A. A. *Notes of an East Siberian Hunter*. Übers. von Stephen Bodio and Vladimir Beregoyov. Author House, 2012.

Colville, Robert. *Beagling and Otter Hunting*. London: Adam and Charles Black, 1940.

Cowper, William. Article in *The Gentleman's Magazine*, June 1784.

Dashu, Max. *Witches and Pagans: Women in European Folk Religion, 700–1100.* Richmond, CA: Veleda Press, 2016.

Dewey, P.E. ›Iron Harvests of the Field‹: The Making of Farm Machinery in Britain since 1800. Lancaster: Carnegie Publishing, 2008.

Evans, George Ewart, and David Thomson. *The Leaping Hare*. London: Faber, 1972.

Fisher, Robert. *Flowers of Grass: How to Know the Names of the British Grasses.* London: Wheldon and Wesley, 1931.

Grieve, Maud. *A Modern Herbal: The Medicinal, Culinary, Cosmetic and Economic Properties, Cultivation and Folk-Lore of Herbs, Grasses, Fungi, Shrubs & Trees with All Their Modern Scientific Uses.* London: Jonathan Cape, 1931.

Hackländer, Klaus, and Frank Zachos (eds). *Handbook of the Mammals of Europe*. Berlin: Springer Nature Reference, 2019.

Herodot. *Historien.* Hrsg. und übers. v. Christine Ley-Hutton, Kai Brodersen. Stuttgart: Reclam, 2019.

Hewson, Raymond. ›Moults and Pelages in the Brown Hare Lepus europaeus occidentalis de Winton‹. *Journal of Zoology*, Vol. 141 No. 4 (August 2009), pp. 677–87. Jennings, Nancy. *RSPB Spotlight: Hares*. London: Bloomsbury Natural History, 2017.

Karp, Denise, and Benedikt Gehr. ›Bad Hare Day: Very Low Survival Rate in Brown Hare Leverets‹. *Wildlife Biology*, Vol. 2 (May 2020).

Le Clerc, Guillaume. *The Bestiary of Guillaume Le Clerc: Originally Written in 1210–11*. Übers. von George Claridge Druce. Ashford: Printed for private circulation by Headley Brothers, 1936.

King, Carolyn. *The Natural History of Weasels and Stoats*. London: Helm, 1989.

King, James. *William Cowper: A Biography*. Durham, NC: Duke University Press, 1986.

Layard, John. *The Lady of the Hare: Being a Study in the Healing Power of Dreams.* London: Faber and Faber, 1944.

Lee, David Webster. *Nature's Palette: The Science of Plant Color*. Chicago: University of Chicago Press, 2007.

Lee, Norman E. *Harvests and Harvesting Through the Ages*. Cambridge: Cambridge University Press, 1960.

Macpherson, H. A., et al. *The Hare. Natural History*. London: Longmans, Green, 1896.

Manning, Roger B. Hunters and Poachers: *A Social and Cultural History of Unlawful Hunting in England, 1485–1640.* Oxford: Clarendon Press, 1993.

Mason, Jill, and David Mason. *The Hare*. Ludlow: Merlin Unwin Books, 2005.

Macdonald, David W. (ed). *The Encyclopedia of Mammals*. Oxford University Press, online version, 2007.

Niall, Ian. *The Poacher's Handbook: For the Man with the Hare-Pocket and the Boy with the Snare.* London: Heinemann, 1951.

Olcott, William Tyler. *Star Lore of All Ages: A Collection of Myths, Legends, and Facts Concerning the Constellations of the Northern Hemisphere.* New York and London: G. P. Putnam's Sons, The Knickerbocker Press, 1911.

Owen, Denis Frank. *Camouflage and Mimicry*. Oxford: Oxford University Press, 1980.

Prior, R. C. A. *On the Popular Names of British Plants: Being an Explanation of the Origin and Meaning of the Names of Our Indigenous and Most Commonly Cultivated Species.* London: Williams and Norgate, 1863.

Pycraft, W. P. *Camouflage in Nature*. London: Hutchinson, 1925.

Quelch, Mary Thorne. *Herbs: And How to Know Them*. London: Faber and Faber, 1946.

Rohde, Eleanour Sinclair. *The Old English Herbals*. London: Longmans, Green and Co., 1922.

Roellig, Kathleen et al. ›The Concept of Superfetation: A Critical Review on a »Myth« in Mammalian Reproduction‹. *Biological Review*, Vol. 86 No. 1 (February 2011), pp. 77–95.

Seton, Ernest Thompson. *Tierhelden. Die Geschichte einer Katze, einer Taube, eines Luchses, eines Hasen, eines Hundes, zweier Wölfe und eines Renntiers.* Übers. von Max Pannwitz. 39. Aufl. Stuttgart: Kosmos, 1922.

Seton, Ernest Thompson: *Bingo und andere Tiergeschichten.* Übers. v. Karl Ernst Poeschel, 120. Aufl. Stuttgart: Kosmos 1935.

Simms, Eric. *British Larks, Pipits and Wagtails*. London: HarperCollins, 1992.

Smith, Andrew T. et al. (eds) *Lagomorphs: Pikas, Rabbits, and Hares of the World*. Baltimore: Johns Hopkins University Press, 2018.

Southern, H. N. (ed.). *The Handbook of British Mammals*. Oxford: Blackwell, 1964.

Spooner, B. M., and Peter Roberts. *Fungi*. London: Collins, 2005.

Sroka, Susan. ›Hare Rearing‹, The Hare Preservation Trust, available at <https://hare-preservation-trust.com/helping-hares/hare-rearing/>.

Stephenson, Ellen Mary, and Charles Samuel Stewart-Evison. *Animal Camouflage*. London: Penguin Books, 1946.

Stokoe, W.J., and A. Laurence Wells (eds). *The Observer's Book of Grasses, Sedges and Rushes*. London: F. Warne, 1962.

Taylor, Marianne. *The Way of the Hare*. London: Bloomsbury, 2017.

Tegner, Henry. *Wild Hares*. London: John Baker, 1969. Thompson, Arthur Robert. *Nature by Night*. London: Ivor Nicholson and Watson, 1932.

Thomson, William. *Herbs That Heal*. London: Adam and Charles Black, 1976.

Thornton, Robert John. *A New Family Herbal; or, Popular Account of the Natures and Properties of the Various Plants Used in Medicine, Diet, and the Arts.* London: Printed for Richard Phillips by Richard Taylor and Co., 1810.

Thomas, John Owen, and Lionel James Davies. *Common British Grasses and Legumes*. London: Longmans, Green and Co., 1938. Vesey-Fitzgerald, Brian. *It's My Delight*. London: Eyre and Spottiswoode, 1947.

Thoreau, Henry David: *Walden*. Übers. v. Siegfried Lang. Artemis Verlag: Zürich, 1945.

Tolstoi, Lew. ›Hadschi Murat‹. In: *Krieg im Kaukasus. Die kaukasische Prosa.* Übers. von Rosemarie Tietze. Berlin: Suhrkamp 2018, S. 352. Alle Rechte vorbehalten.

Twain, Mark. *Hart im Nehmen.* Übers. von André Hoffmann. Dinslaken: Athene Media Verlag, 2023.

Wright, John. *A Natural History of the Hedgerow: And Ditches, Dykes and Dry Stone Walls*. London: Profile Books, 2016.

Wright, T. ›Confessions of Isobel Gowdie‹. In: *Narratives of Sorcery and Magic: From the Most Authentic Sources.* Cambridge: Cambridge University Press, 2012.

Abdruckgenehmigung

Mit freundlicher Genehmigung des Suhrkamp Verlags:

Tolstoi, Lew. ›Hadschi Murat‹. In: *Krieg im Kaukasus. Die kaukasische Prosa.* Übers. von Rosemarie Tietze. Berlin: Suhrkamp Verlag AG 2018, S. 352.

Danksagung

Ohne meine Agentin Caroline Michel würde es *Hase und ich* heute nicht geben: Sie war es, die mich am Ende eines Meetings dazu zwang, den Mantel noch einmal auszuziehen und ihr »auf der Stelle« von der Geschichte zu erzählen, die ich »eines Tages« niederschreiben wollte. Ich danke Jamie Byng, der von diesem Buch sofort leidenschaftlich begeistert war und andere damit ansteckte. Durch ihn hat es bei Canongate eine Heimat gefunden. Gemeinsam mit dem gesamten Verlagsteam machte er mir den Schreibprozess so leicht wie es irgend möglich war. Meine Dankbarkeit gilt auch meinen Verlegerinnen, Helena Gonda bei Canongate und Denise Oswald bei Pantheon, die mich bei meinem Debüt als Schriftstellerin begleiteten und mir vorlebten, wie eine geduldige, schnelle und kollegiale Zusammenarbeit funktionieren kann. Denise Nestors wunderbare Darstellungen des Hasen lassen ihn auf jeder Seite des Buches zum Leben erwachen. Mein Dank gilt neben ihr auch Gill Heeley, die für das Design des Buches verantwortlich zeichnet, und Gemma Wain, die es redigierte, sowie Leila Cruickshank, die es über die Ziellinie trug. Danke an Jenny Fry, Aisling Holling, Caitriona Horne und Claire Reiderman bei Canongate, die die PR-

Kampagne für das Buch auf die Beine stellten. Ich danke euch für euren guten Rat, eure gute Laune und eure einfühlsame Führung. Tim Binding, Francesca Morgan, Kieron Fairweather, Rebecca Wearmouth, Lucy Barry und Kajol Sherchan bei Peters Fraser and Dunlop lenkten das Buch gekonnt auf seinem Weg hinaus in die Welt. Ich danke euch für eure Professionalität, aber auch für eure herzliche und freundliche Art. Für immer dankbar bin ich William Hague, der mir die Chance gegeben hat, die Welt zu sehen und in den zehn Jahren unserer Zusammenarbeit mein Handwerk zu erlernen. Kein Autor könnte sich eine bessere Lehrzeit wünschen. Angelina Jolie sah auf den ersten Blick die Schriftstellerin in mir. Ich bin ihr unendlich dankbar, dass sie mich als Kollegin in der Kreativbranche willkommen hieß und mir den Mut und die Inspiration schenkte, mich im Schreiben auszuprobieren. Danke auch an meine geliebten, klugen Eltern, meine Schwester und meine Brüder – Mary, Will und Arthur – sowie meine Nichte Sophia für all die Unterstützung und Ermunterung, die sie mir über die Jahre geschenkt haben; danke an Yalda, Margerie und Tahira für eure liebevolle und aufschlussreiche erste Lektüre des Buchentwurfs, und an Thomas für deine untrügliche Spürnase beim Lesen. Danke an Charlotte für meinen Internetauftritt und an Izzy, die ihn so gekonnt verwaltet. Danke Nizama, Vildana und Fernada für eure Freundschaft und Herzlichkeit, und danke Adis, Dzenita und Armin Junior für das viele Gelächter und den vielen gemeinsamen Kaffee. Danke Nicky, dafür, dass du mir einen Einblick in die Verlagswelt gegeben und mich dazu ermutigt hast, meine ersten Schritte darin zu wagen. Ich danke Cathy, Paul, Reem, Lamis, Andrew, Anneka, Mohammed und Mazen für ihre Freundschaft. Und ich danke vor allem dir, Arminka, meine zweite »Dark Force«, dass du mit mir durch dieses Abenteuer gegangen bist, die Stellung gehalten hast, während ich schrieb und mir in allen Dingen mutig und mit gutem Beispiel vorangegangen bist.